"机电汽车"湖北省优势特色学科群开放基金资助

开关磁阻电机控制与动态仿真

张海军　著

中国水利水电出版社
www.waterpub.com.cn
·北京·

内 容 提 要

本书介绍了开关磁阻电机的基本原理及其发展概况，分别围绕开关磁阻电机动态仿真建模方法、电磁力学特性的有限元分析、开关磁阻电机控制系统动态仿真、开关磁阻电机凸极优化改善性能、开关磁阻电机振动抑制及转子偏心影响、转矩脉动及其相电流补偿控制六个方面的研究进行具体阐述，详细说明开关磁阻电机的多种解析、数值建模方法，给出开关磁阻电机计算和有限元分析程序，讲述 ANSYS 及 MATLAB 等软件在开关磁阻电机相关问题中的应用，研究开关磁阻电机调速系统的控制策略，并针对具体的开关磁阻电机算例进行动态性能仿真和控制策略研究。

本书可作为高年级电气类本科生的参考教材，也可供研究生和科研技术工作者参考。

图书在版编目（CIP）数据

开关磁阻电机控制与动态仿真／张海军著. —北京：中国水利水电出版社，2019.9（2024.1重印）
ISBN 978-7-5170-8082-4

Ⅰ. ①开…　Ⅱ. ①张…　Ⅲ. ①开关磁阻电动机—研究　Ⅳ. ①TM352

中国版本图书馆 CIP 数据核字（2019）第 221529 号

书　　名	开关磁阻电机控制与动态仿真 KAIGUAN CIZU DIANJI KONGZHI YU DONGTAI FANGZHEN
作　　者	张海军　著
出版发行	中国水利水电出版社 （北京市海淀区玉渊潭南路 1 号 D 座　　100038） 网址：www. waterpub. com. cn E-mail：sales@ waterpub. com. cn 电话：（010）68367658（营销中心）
经　　售	北京科水图书销售中心（零售） 电话：（010）88383994、63202643、68545874 全国各地新华书店和相关出版物销售网点
排　　版	北京智博尚书文化传媒有限公司
印　　刷	三河市元兴印务有限公司
规　　格	170mm×240mm　16 开本　11 印张　205 千字
版　　次	2020 年 1 月第 1 版　2024 年 1 月第 2 次印刷
印　　数	0001—2000 册
定　　价	59.00 元

凡购买我社图书，如有缺页、倒页、脱页的，本社营销中心负责调换
版权所有·侵权必究

前　言

开关磁阻电机是一种最具有潜力、高效节能的机电一体化产品，其结构简单、运行可靠及效率高的突出特点使此类电机在工农业生产等各领域迅速得到了广泛应用。随着电力电子、微计算机和控制技术的进一步发展，其将成为传统交流电机调速系统、直流电机调速系统以及无刷直流电机调速系统的最强有力的竞争者。目前已有不少关于开关磁阻电机设计或其调速系统的书籍出版，但关于此类电机的专题研究方面的书籍比较少。本书作者将近年来在开关磁阻电机方面做的一些工作进行整理，重点针对开关磁阻电机建模方法，电磁特性动态仿真以及转矩脉动控制、优化等问题进行相关理论方面的研究和分析。

研究中考虑到开关磁阻电机的步进电磁场长期运行在饱和与非线性状态，且控制参数较多，相电流波形随转子位置和控制方式变化，很难得到简单、统一的数学模型和解析式。由于开关磁阻电机材料本身的非线性特性及电磁场的饱和特性，传统的磁路法很难对其进行精确地分析与计算；并且开关磁阻电机本身又不能脱离驱动电路单独运行，因此对其电磁场进行数值计算求解的同时有必要考虑外部驱动电路与控制参数的影响。开关磁阻电机绕组电流的非正弦性与铁芯磁通密度的高饱和特性决定了它是一个时变、非线性系统，若用简单的线性模型去描述其动静态特性会带有较大的误差。为了深入、准确地研究开关磁阻电机的稳态和动态特性，必须在其非线性模型的基础上对电机本体和功率变换器进行系统地、整体地分析与设计。此外，转矩脉动是限制开关磁阻电机广泛应用的主要问题，转矩脉动的存在会引起电机强烈的振动与噪声。如何有效地减小和抑制开关磁阻的转矩脉动一直是此类电机研究的热点与难点之一。

针对以上开关磁阻电机存在的问题以及需要改进的方面，本书着重在有限元非线性模型的基础上对整个电机系统做了整体性分析与动态仿真分析；通过基于水平集的优化算法研究开关磁阻电机性能的改善；在本书的最后根据转矩脉动产生的根本原因，提出了抑制转矩脉动的方法——改进电机定子磁极结构和相电流模糊补偿控制策略。

本书重点阐述了用有限元软件 ANSYS 对开关磁阻电机非线性二维电磁场进行计算和分析，利用 MATLAB/SIMULINK 软件建立开关磁阻电机系统动态仿真模型的过程，以及有限元计算的电磁数据导入系统仿真模型，考虑电机材料本身的非线性特性及电磁场的饱和特性的同时计及电机外部驱动电路的影响，对开关磁阻电机分别在低速和高速运行状态下进行电流斩波控制（CCC）和角度位置控制（APC）的动态仿真，验证系统模型的有效性。

本书可作为高年级电气类本科生的参考教材，也可供研究生和相关科研技术工作者参考。

本书在研究、撰写以及出版过程中得到了湖北文理学院"机电汽车"湖北省优势特色学科群开放基金的资助。

本书在研究、撰写以及出版过程中得到了湖北省技术创新专项重大项目（2017AAA133）、湖北文理学院"机电汽车"湖北省优势特色学科群和湖北文理学院纯电动汽车动力系统设计与测试湖北省重点实验室开放基金的资助，在此表示衷心的感谢！

受本书作者学识所限，研究及撰写过程中难免存在疏漏或偏颇，恳请各位读者及相关专家批评指正！

作　者

2019 年 3 月

目　　录

第 1 章

绪　论

1.1　开关磁阻电机概述

自 1831 年英国人 Faraday 发明世界上第一台最简单的手摇发电机以来，电机作为机电能量转换或信号变换的电磁装置，其应用范围已经遍及全球各国国民经济的每个领域以及人们的日常生活之中。例如，各类风机、水泵、压缩机、机床、起重运输机械、城市交通及工矿电动车辆、建筑机械、冶金、有色金属、纺织、印刷、造纸、石油化工、橡胶、食品等工业设备和农业机械。值得一提的是，电机作为驱动系统的主要动力源，其耗用的电能占全国总发电量的 60% 以上。随着全球节能革命的兴起，以及产业的进一步电动化、智能化，电机在生产生活中将起着更加重要的作用。

在近 20 年间众多类型的电机发展中，开关磁阻电机（switched reluctance motor，SR 电机或 SRM）作为一种最具有潜力、高效节能的机电一体化产品脱颖而出。实际上，开关磁阻电机调速系统是 20 世纪 80 年代初随着电力电子、微计算机和控制技术的迅猛发展而发展起来的一种新型调速驱动系统，其具有结构简单、运行可靠及效率高等众多突出特点，成为传统交流电机调速系统、直流电机调速系统以及无刷直流电机调速系统的强有力竞争者，并引起各国学者和企业界的广泛关注。跨国电机公司——Emerson 电气公司曾将开关磁阻电机视为 21 世纪调速驱动系统的新的技术、经济增长点。目前，开关磁阻电机已广泛或开始应用于工业、航空业和家用电器等各个领域。

图 1.1 所示为四相 8/6 极开关磁阻电机本体转、定子实物图。图中定、转子均由高导磁率的普通硅钢片叠压而成，转子上既无绕组也无永磁体，定子凸极上绕有集中绕组，电机壳和机座采用同一型号异步电机的机壳与机座。开关磁阻电机的外部驱动系统集现代电力电子技术、机械工程技术、微机控

制技术和传感检测技术于一体，其结构极其简单坚固，调速范围宽，调速性能优异，而且在整个调速范围内都具有较高的效率，系统可靠性高、可控参数多、控制灵活方便。

图 1.1 四相 8/6 极开关磁阻电机本体转、定子实物图

至今，开关磁阻电机的研究在国内外取得了很大进展。在国际上，开关磁阻电机系统已成为电工界的研究热点之一[1-2]。国内外科研院所也对开关磁阻电机的诸多应用及存在的问题进行深入的理论研究。但是作为一种新型调速、驱动系统，其研究的历史还比较短，其内容涉及电动机、电力电子、微电子、微机控制、机械工程应用等众多学科领域，再加上开关磁阻电机本身具有很强的非线性特性，决定了其研究的复杂性和困难性。开关磁阻电机的理论研究、优化设计和控制策略等方面还有大量的工作需要做，特别是此类电机低速运行时存在着显著的转矩脉动，一定程度上限制了开关磁阻电机的应用范围。此外，转矩脉动会造成转速的上下波动以及产生振动和噪声，对于驱动高精度的控制装置难以满足要求，如在机床主轴和伺服轴控制上的广泛应用还有待进一步开发[3]。

1.2 开关磁阻电机的发展与应用概况

■1.2.1 开关磁阻电机的发展历史

有关开关磁阻电机的最早文献记载于 1838 年，英国学者 Davidson 和 Aberdeen制造了一台用以推进蓄电池机车的驱动系统。Davidson 等的蓄电池机车重数吨，而最高速度却达不到一个成年人推动小车时所能获得的速度。开关磁阻电机基本结构和原理的提出可追溯到 19 世纪 40 年代，当时的电机研究人员已经认识到：利用顺序磁拉力使电机旋转是简单易行的。1842 年，Davidson 和 Aberdeen 用两个 U 型电磁铁进行了开关磁阻电机的实验，但由于当时缺少功率开关器件，未能得到发展。此外，由于当时采用的是机械开关，其运行特性、可靠性和机电能量转换效率都很低，这也是从这种开关磁阻电机雏形的诞生直到功率电子开关器件问世前的 100 多年，人们一直没能对它产生关注的重要原因。

"开关磁阻电机"出现在美国学者 Nasar 1969 年撰写的学术论文，其中开关磁阻电机具有两个比较显著的特征：一是电机导通的开关性，表明了此类电机是工作在一种连续的开关模式下；二是电机原理的磁阻性，进一步说明此类电机是真正的磁阻电机，电机运行是依靠定、转子的可变磁阻回路完成的，更具体地说，它是一种双凸极型电机。

随着电力电子器件和电磁场计算技术的发展，开关磁阻电机逐渐开始引起人们的注意。特别是 20 世纪 60 年代，大功率晶闸管的出现和投入使用，为开关磁阻电机的研究和发展奠定了重要的硬件基础。1967 年，Leeds 大学开始对它进行深入研究和论证，到 1970 年左右，其研究结果表明：开关磁阻电机可在单向电流下四象限运行，功率变换器无论用晶体管还是普通晶闸管所需的开关数都是最少的，制造成本也明显低于同容量的异步电动机。1973 年，英国 Nottingham 大学也开始对开关磁阻电机攻关。1975 年，上述两所大学的研究小组联合参加了 Chlorida Technical 公司发起的制造蓄电池车辆驱动装置的研究工作，成功地研制出一套用于电动汽车 50 kW 的开关磁阻电机驱动装置，其单位输出功率和效率都高于同类的异步电动机驱动装置。同时，Ford 电机公司的 Unnewehr 等人开始进行对轴向气隙、晶闸管控制的开关磁阻电机的研究。而使这一新型可变速驱动系统最终能引起人们的极大关注，则要归功于作出杰出贡献的 Lawrenson 和他的同事。1980 年，Lawrenson 及其同事在 ICEM 会议（工程材料国际会议）上，发表著名论文 *Variable-Speed Switched Reluctance Motors*，系统地介绍了他们的研究成果，阐述了开关磁阻电机的原理及设计特点，在国际上奠定了现代开关磁阻电机的地位。同年，英国成立了世界第一家开关磁阻电机驱动装置有限公司——开关磁阻电机调速系统 Ltd.。1983 年，英国 TASC Drives 公司将世界上第一台商用开关磁阻电机——"Oulton"（7.5 kW，1 500 r/min）投放市场；1984 年，又推出了 4~22 kW 的四个规格的系列产品。开关磁阻电机作为一种结构简单、鲁棒性好且价格便宜的新型调速系统，问世不久便引起各国业界的广泛重视，德国、美国、埃及和土耳其等国家也都陆续开始进行研究工作。美国空军和 GE 公司联合开发了航空发动机用 SR 启动/发电机系统，有 30 kW，52 000 r/min 和 250 kW，23 000 r/min 两种规格，取得了良好的应用效果。加拿大、南斯拉夫在开关磁阻电机的运行理论、电磁场分析等方面做了大量研究工作。埃及则对小功率、单相和两相开关磁阻电机的结构、启动性能等方面进行了许多研究。一些学者还研究了新型结构的开关磁阻电机，如盘式、外转子式、直线式和无位置传感器开关磁阻电机等。

我国也于 1984 年开始进行对开关磁阻电机驱动系统的研究、开发工作，虽然起步比较晚，但是发展的速度较快。国内近年已有一大批高校、研究所和工厂投入开关磁阻电机调速系统的研究、开发和制造工作，如北京纺织机械研究所（中国纺织总会纺织机电研究所）、南京航空航天大学、华中科技大学、浙江大学、清华大学及华南理工大学等，开关磁阻电机研究被列入中小型电机"七五"科研规划项目。在借鉴国外经验的基础上，我国对开关磁阻电机的研究发展很快，在控制、仿真、设计理论和电磁场数值分析等方面都做了许多工作，在国际、国内刊物和会议上发表了多篇论文。1988 年 11 月，在南京航空航天大学召开了首届开关磁阻电机驱动系统研讨会，1991 年 9 月，在华中理工大学召开了第二届 SR 驱动系统研讨会，参加人员来自全国高校、研究所和工厂等 25 个单位。大会上的成果交流表明，我国开关磁阻电机的理论研究和应用研究已经取得了较大的进展，参加研制的单位有了显著的增加。1993 年 12 月，在北京开关磁阻电机调速系统工业应用研讨会上，成立了中国电工技术学会中小型电机专业委员会的开关磁阻电机学组。"中国交流电机传动学术年会"自 1993 年起将开关磁阻电机驱动列为年会主题之一。目前，我国已研制了 50 W~30 kW、20 多个规格，电压等级为 110 V、127 V、220 V、380 V 的工业产品样机，在纺织机械、毛巾印花机、泽尔浆纱机、多功能蒸煮联合机以及轻型龙门刨床和食品加工机械等方面的应用中都取得良好的效果，在电动车领域的研发中也有较大成果。可以预言，开关磁阻电机系统必将在我国乃至世界的变速传动领域中占有一席之地。

■ 1.2.2　开关磁阻电机的应用

在开关磁阻电机调速系统发展初期，各国学者将其与各类调速系统，特别是已得到推广应用的异步电动机变频调速系统就成本、性能、应用领域等方面做了大量的比较分析，得出的结论是一致的，即开关磁阻电机调速系统主要性能指标可与异步电动机变频调速系统相竞争[4]。作为一种新型调速系统，开关磁阻电机调速系统兼有直流传动和普通交流传动的优点，以向各种传统调速系统挑战的势头正被逐步应用在家用电器、一般工业、伺服与调速系统、牵引电动机、高速电动机、航天器械及汽车辅助设备等领域，显示出强大的市场竞争力。

在发展初期，由于具有串励直流电动机的特性，开关磁阻电机较多地应用在电力机车上，功率从几十千瓦到几百千瓦。从电力机车的试验结果看，开关磁阻电机调速系统的效率及其输出功率均比通常用的交、直流电动机调速系统高，价格介于交、直流电动机调速系统之间；另外，开关磁阻电机在蓄电池电动运输车辆，如电瓶车、电动汽车上的成功应用，亦表明开关磁阻电机调速系统可以优良的性能用作牵引驱动。

开关磁阻电机调速系统的应用范围当然不会仅仅局限于牵引运输。实际上，转速范围为 1 500~1 800 r/min 的开关磁阻电机调速系统是与由 50/60 Hz 电源逆变器供电的异步电动机市场相适应的；而 750~3 000 r/min 的开关磁阻电机调速系统则与传统直流电动机市场相适应。因此，开关磁阻电机调速系统中多数仍作为需要四象限运行的通用调速系统。

另外，开关磁阻电机调速系统在低压、小功率的应用场合大大优于普通的异步电动机和直流电动机。例如，使用开关磁阻电机调速系统驱动风扇、泵类、压缩机等，可在宽广的调速范围内实现高效率运行，可明显地节能，并在短期内收回成本。经济型小功率开关磁阻电机调速系统有着广阔的市场，包括在有着广大用户的家用电器中的应用。据报道，英国 Leeds 大学研制出一种用于洗衣机的 SR 电机及其驱动装置，该电机质量为 3.1 kg，最高转速达 10 000 r/min，直径为 100 mm，长度为 118 mm，在不使洗涤性能降低的情况下，比标准的洗衣机电机尺寸减小一半。

根据不同使用特点，开关磁阻电机常用于以下方面：

(1) 高效调速传动。由于开关磁阻电机系统效率高，且能在宽广的调速范围内呈现高效特性，因此在诸如风机、水泵的传动系统中，选用开关磁阻电机作为调速电动机比其他常用的调速电动机系统效率高。

(2) 启动和低速性能要求高的机械传动。开关磁阻电机具有良好的启动性能和低速性能，特别适用于间隙工作和频繁启动。因此在诸如卷绕机、电动车辆以及一些间隙工作频繁启动的工作机械中，用开关磁阻电机取代感应电动机，可降低 1~2 个功率等级，电机尺寸也明显减小。

(3) 频繁正反转的生产机械。诸如龙门刨床、平网印花机等需要频繁正反转及电动、制动的生产机械，选用开关磁阻电机可以作不间断的连续启动、制动工作，因为开关磁阻电机不仅启动性能好，而且制动性能也很好。

(4) 恶劣环境中工作的生产机械。诸如煤矿、冶金等高粉尘、高温的恶劣环境中，可以选择开关磁阻电机。例如，英国 BJD 公司将开关磁阻电机用于煤矿井下，其中采用两台40 kW产品作为一台M500型联合采煤机的牵引电动机，该公司设计制造的150 kW及300 kW煤矿专用开关磁阻电机也已问世。开关磁阻电机之所以适用于恶劣的工作环境是由于其电机结构特别简单、坚固，且容易制造成密封结构和防水、防尘、防爆等结构。

（5）要求高可靠性的应用。开关磁阻电机的高可靠性可从两方面看，从功率变换器看，每个功率开关元件同电动机绕组串联，避免了电源短路的可能性，提高了可靠性。从电机结构看，各相绕组独立工作。电机运行时如任一相绕组发生故障，只要采用适当的故障诊断方式找出故障相，并对该相绕组不再通电，则运转中的电动机就会适当降低出力而不致停止运转，这一特点使开关磁阻电机能适用于对工作可靠性要求极高的场合。

（6）家用电器的传动装置。开关磁阻电机在结构设计上有极大的灵活性，以满足各种特殊需要，这在家用电器中表现明显。例如，结构简单、制造成本低的单相开关磁阻电机可作风扇电机，两相高速开关磁阻电机可用于吸尘器风泵电机，扁平结构的开关磁阻电机可用于洗衣机，等等。

（7）高速传动机构。采用开关磁阻电机作高速电动机是十分有利的。如KCD系列的专用高速系列产品，调速范围为10 000~30 000 r/min，主要用于吸尘泵、离心干燥机等装置。

开关磁阻电机在工业应用中的开发和产品研制有着广阔的天地。美国将开关磁阻电机用作飞机涡轮发动机的启动电动机，考证了开关磁阻电机在恶劣环境下的工作能力和可靠性。经过10余年的努力，目前，开关磁阻电机调速系统的应用领域已从最初侧重于牵引运输发展到工业、航空工业和家用电器等各个领域，取得越来越显著的经济效益。目前，开关磁阻电机调速系统的开发范围是转矩为0.01~106 N·m、功率为10 W~5 MW、转速可达100 000 r/min的开关磁阻电机。此外，开关磁阻电机的规格已从多相发展到单相、两相等特殊结构。

■ 1.2.3　国内外研究现状和发展方向

1. 国内外研究现状

随着国民经济建设的日益发展，各行各业的自动化、智能化程度越来越高，为开关磁阻电机调速系统提供了巨大的潜在市场。20世纪90年代进一步以计算机控制的柔性制造系统、主体仓库、机器人进行装配等组合起来，由计算机控制材料、部件的供应管理、达到全厂高效率、高质量的全自动化均衡生产，设计和制造水平不断提高，专用控制芯片和集成功率器件不断被开发出来，开关磁阻电机性能和适用性不断增强。尤其是，近年来功率电子技术、数字信号处理技术和控制技术的快速发展，而且随着智能技术的不断成熟及高速、高效、低价格的数字信号处理芯片（DSP）的出现，利用高性能DSP 开发各种复杂、智能算法的间接位置检测技术，无须附加外部硬件电路，大大提高了开关磁阻电机检测的可靠性和适用性，必将更大限度地显示开关磁阻电机的优越性[5]。

但是，开关磁阻电机作为一种方兴未艾的新型调速、驱动系统，毕竟研究历史还较短，其技术涉及电机学、电力电子、控制理论等众多学科领域，加之其复杂的非线性、高饱和特性，导致研究困难，因此无论是理论上还是应用上，仍有大量的工作要做。目前，国内外对开关磁阻电机系统的研究主要集中在以下几方面：

（1）开关磁阻电机建模问题的研究。开关磁阻电机数学模型的精确建立与描述直接决定和影响到电机的优化设计、电机动态性能分析、电机效率的评估以及电机的高性能控制。开关磁阻电机数学模型包括电压方程、磁链方程、机械运动方程和机电联系方程，其中电压方程和机电联系方程均与磁链方程密切相关。开关磁阻电机电磁特性可用电机相绕组磁链 ψ、定转子位置角 θ 和相电流 i 三者之间关系表示，即用磁化曲线 $\psi(\theta, i)$ 来描述。因此，建立准确而简单的反映开关磁阻电机非线性电磁特性的磁链模型是建立开关磁阻电机数学模型的关键之一，目前已有多种开关磁阻电机磁链建模方法，如线性法、准线性法、函数解析法、表格法、有限元分析法和神经网络法等。早在 1983 年，Lawrenson 等人就提出了开关磁阻电机线性数学模型，并以此为基础分析了开关磁阻电机的极数、相数、极弧设计原则，突出了开关磁阻电机内部电磁关系的物理本质，奠定了开关磁阻电机设计的基础；Corda 利用开关磁阻电机的线性模型导出了"理想化"转矩解析式；Krishnan 则基于"平顶波"电流推出了开关磁阻电机类似于传统电机的输出方程。开关磁阻电机磁链线性模型是在忽略电磁饱和、涡流、磁滞、边缘效应、相间互感等非线性因素的基础上建立起来的。这些非线性因素简化的结果使得每一相的电感只与转子的位置有关，而与相电流的大小无关。这为分析开关磁阻电机的运行特性带来了极大的方便。通过这一模型，可以很容易地求出开关磁阻电机速度恒定且相电压为矩形脉冲时相电流和输出转矩的解析式，进而可以分析开通角、关断角等参数对电机运行特性的影响规律，以及开关磁阻电机基本控制模式，从而为控制器设计、调试提供了很有价值的结论。但是，线性模型完全忽略了开关磁阻电机磁链饱和与非线性因素，与其实际特性有较大的出入，不可避免地存在定量计算误差较大的缺陷。为此，Millie 等人提出的准线性法在一定程度上可以克服这一缺陷。它是采用分段线性化的方法将非线性的电磁特性曲线简化。与线性模型一样，准线性模型具有数学表达式简单的特点，在分析电机特性和设计控制器时较为简便。但是，就模型的精确性而言，准线性模型同样存在计算误差较大的缺陷。开关磁阻电机函数解析模型力图用简单的非线性的数学表达式来刻画开关磁阻电机中磁链关于转子位置和相电流之间的非线性关系。1990年，Torrey等人在实验测得电机静态电磁特性数据基础上，采用数值曲线拟合方法推导出 $\psi(\theta, i)$ 的解析函数表达式，并对样机进行了仿真研究，结果与实测性能有较好的一致性；Spong 等人提出了一种连续的非线性模型，该模型能够较精确地反映开关磁阻电机实际的电磁特性。利用这一模型，Spong 等人针对机械手关节驱动用开关磁阻电机，设计了一个反馈线性化控制器，仿真结果证明了该非线性模型的可行性。但是，上述解析模型的表达式中都包含了自然指数项，其函数参数表示为傅立叶级数的形式，并且要根据电机的实测电磁特性进行参数值的求取，这无非增加了模型的复杂性和局限性，同时也增加了控制器运算的负担。近年来，随着微机运算速度的提高，为基于有限元方法的开关磁阻电机静态特性的准确计算奠定了基础。与实际测量结果比较表明，二维有限元方法比较准确地预测了开关磁阻电机的静态转矩——转角特性。利用二维有限元研究时，开关磁阻电机端部磁场效应是忽略不计的，为此，Williamson 等人将三维有限元方法用于开关磁阻电机磁化曲线的计算，真正地涉及了电机的端部磁场。一般来说，有限元方法具有较高的计算精度，但存在着计算量庞大的问题；这种方法对于电机的设计是非常有效的，但对于电机的动态性能分析与控制却无能为力。

(2) 开关磁阻电机转矩脉动和振动噪声的研究。开关磁阻电机的转矩脉动及其引起的噪声是开关磁阻电机驱动系统一个颇为突出的缺点，这限制了其在调速驱动领域的广泛应用。因此，研究抑制 SR 电机的转矩脉动是改善开关磁阻电机研究的重要课题之一。开关磁阻电机转矩脉动的产生既受到电机本身的相数和结构尺寸的影响，又与所采用的控制策略和控制参数有关。因此，目前国内外学者对开关磁阻电机转矩脉动的研究主要集中在结构优化与控制参数优化两方面。

在电气工程领域中，振动和噪声是机电设备运行中普遍存在的现象，且由于开关磁阻电机的双凸极结构和采用开关性的供电电源，使得它的振动和噪声尤为严重与突出。早期的开关磁阻电机调速系统由于很少考虑电机的噪声和转矩脉动，所有的样机或产品都具有相对较大的噪声和转矩脉动，以至于成为开关磁阻电机调速系统的两大缺点而为人们所接受。随着研究的深入和开关磁阻电机应用的日益广泛，降低开关磁阻电机的噪声和转矩脉动成了关键的研究课题。

20 世纪 80 年代，数量较少的开关磁阻电机商业产品和大量的实验室原型产品使得人们认为开关磁阻电机的噪声是与生俱来的，伴随着这种理解，给人们很深印象的就是开关磁阻电机还有无法克服的高转矩波动。

在开关磁阻电机振动和噪声产生机理的研究中，1989 年，Cameron 等人通过对开关磁阻电机各种可能的噪声源采取分布运转法逐一鉴别比较后得出结论[6-7]，开关磁阻电机噪声主要源于定、转子间径向磁吸力所导致的椭圆形变，而且当相电流某一幅值充分大的谐波频率与定子固有频率接近或一致时，将激发强烈的振动和噪声，因此，控制相电流波形，使之不含激发定子共振的谐波分量是降低振动、噪声的有效方法之一。1995 年，Wu 等人基于时域分析，得出结论[8]，相绕组外施相电压的阶跃变化，导致相电流、径向力变化率跃变是引起开关磁阻电机振动大的主要原因。因相电流关断时，相电压产生大幅度负跃变，加之关断起始相电流又较大，故绕组关断激发的冲击振动是主要的。

确定电机定子的固有频率进而了解噪声的特性是很关键的，固有频率可以通过分析计算、数值计算（有限单元法）和实验技术得到。分析计算最快捷，Girgis 和 Verma[9] 提出了一系列适用于所有振动模态的通用计算式，作出了很大贡献。Cai、Pillay 和 Omekanda[10] 提出了 2 阶固有频率计算的两个简化公式和一个用于更高阶的复杂公式，考虑了定子长度的影响。浙江大学电机及其控制研究所从 1995 年开始对开关磁阻电机调速系统的振动和噪声问题进行研究，提出了基于能量法计算开关磁阻电机定子固有频率的方法[11]；分析了"两步换相法"的局限，指出开关磁阻电机定子振动系统是具有多主振型的系统，仅在特定条件下才可能以某个主振型对应的固有频率作简谐振动，并在此基础上提出了从总体上最大限度降低开关磁阻电机定子振动的"改进的两步换相法"，研究了电压 PWM（脉冲宽度调制）方式下振动抑制策略，取得一定的减振降噪效果[12]。

有限元法是一种有效的数值计算方法，被广泛应用于开关磁阻电机的研究中，包括电磁性能的计算[13-14]和振动的计算[15-17]。Besbes[18] 等人研究了定子几何结构对开关磁阻电机振动行为的影响，认为定子轭厚在振动抑制中有非常重要的作用。Cai、Pillay 和 Reichert[19] 对开关磁阻电机电磁力理论与实践进行了总结，包括电磁转矩和径向力的计算。

实验测量在开关磁阻电机振动研究中也非常重要，正弦振荡激励[20-21]和冲击锤激励[17]已经被不同的研究者所尝试。Cai、Pillay 和 Tang[22] 研究了定子绕组和端盖对开关磁阻电机固有频率、模态振型的影响，Tang[23] 讨论了底座对电机振动的影响和对工业应用的影响。1999 年，Cai 和 Pillay[16] 等人对机壳、散热筋、机座以及机壳轭厚和长度对定子固有频率的影响做了分析，考虑机壳将大大提高定子固有频率，散热筋、机座在低阶时主要贡献质量，在高阶时主要贡献刚度，而且散热筋、机座的引入大大增加了振动模态数量，机壳轭厚对定子固有频率的影响相对长度要大。2001 年，Long 等人[17] 则认为绕组和端盖不能简单地被处理为定子的质量附加部分，它们同时对质量和刚度的影响使得实际上它们对固有频率的影响相对较小。2002 年，Cai 等人[22] 研究了定子绕组和端盖对固有频率的影响，得出绕组减小固有频率而端盖增加固有频率，因此它们对固有频率的影响在相当程度上是相互抵消的。

文献 [24-25] 对开关磁阻电机运行特性进行仿真，在 PSPICE 和 MATLAB/SIMULINK 仿真环境下，对开关磁阻电机线性模型和非线性模型进行了讨论。

（3）开关磁阻电机结构优化与参数最优控制的研究。开关磁阻电机是个多变量、强耦合的非线性控制对象。它的控制参数主要有四个，即电机给定转速 n_r、绕组外施有效电压 U_d、绕组开通角 θ_{on} 和绕组关断角 θ_{off}，其中 n_r 为开关磁阻电机系统的设定值，在电流斩波控制方式（CCC）中，θ_{on} 和 U_d 由电流斩波基准 I_{ref} 来确定，在角度位置控制方式（APC）中 U_d 完全由绕组的开关角决定。因此，开关磁阻电机系统的主要控制变量是绕组开关角 θ_{on} 和 θ_{off}。对应于一定的转速和转矩（或功率），存在着不同的开通角 θ_{on} 和关断角 θ_{off} 的组合，它们都能满足开关磁阻电机输出功率的要求，因而存在着对 θ_{on} 和 θ_{off} 最优选择的问题。一般而言，若通过调节 θ_{on} 和 θ_{off} 使开关磁阻电机在一定转速下的输出功率（转矩）最大、效率最高，则开关磁阻电机即获得了角度最佳控制[26]。然而，由于开关磁阻电机的高度饱和与非线性特性，其输出功率（或转矩）与开关角之间的关系十分复杂，无法求出电机最佳开关角与电机结构参数之间的明确关系。目前，还没有一种通用的、有效的开关磁阻电机开关角最优控制规律。

（4）铁芯损耗计算的研究。开关磁阻电机电磁场特性的非线性导致相绕组供电电压和电流波形较为复杂，一般为单向脉冲非正弦波；定转子各部分铁芯中的磁通密度变化规律各异，目前，多是通过实验数据将铁损、铜损及机械损耗进行分离的方法计算铁耗；因此对铁芯损耗的计算和测量颇为困难，主要研究问题是如何建立准确、实用的铁耗计算模型和分析、测试手段。

2. 开关磁阻电机的发展方向

（1）进一步完善开关磁阻电机设计理论。开关磁阻电机的非线性使其性能的精确分析和计算较为困难。目前普遍采用的二维非线性有限元方法分析开关磁阻电机内部的饱和磁场，其局限性主要表现在两个方面：一是对以磁路为基础的设计方法研究不够；二是现有的方法精度亦有待提高，应计及端部效应，开展开关磁阻电机三维场的研究。开关磁阻电机、功率变换器、控制器三者之间的协调设计是提高系统整体性能的必要条件，也是开关磁阻电机的一个显著特点，与以往电气传动系统的传统设计方法（局部最优设计）相比有了质的飞跃，是典型的机电一体化系统，同时这也增加了设计的难度，对系统设计人员提出了较高的要求。

（2）对转矩脉动及振动、噪声的研究。SR 电机工作在脉冲供电方式，因此瞬时转矩脉动大，低速时步进状态明显，高速重载时振动和噪声大。这就限制了 SR 电机在诸多低速要求平稳且有一定静态转矩保持能力的场合的应用。因此如何减小和抑制电动机的振动与噪声仍然是一个重要课题。

（3）对铁芯损耗的理论研究。开关磁阻电机磁场特性的非线性导致相绕组供电电压和电流波形较为复杂，一般为单向脉动的非正弦波，面临的问题主要是如何建立准确、实用的铁芯损耗计算模型和分析、测试手段。

（4）无位置传感器方案的研究。将位置传感器引入开关磁阻电机系统带来了许多消极因素，如增加了开关磁阻电机系统结构的复杂性，增加了开关磁阻电机与控制器之间的电路连线，增加了成本和潜在的不稳定性，占据了一定的空间，而且由于传感器分辨率的限制，导致开关磁阻电机高速运行性能下降。因此探索实用的无位置传感器方案成为开关磁阻电机调速系统研究热点之一。

（5）微处理器和专用集成电路的改进。开关磁阻电机能够正常工作的关键是每相开关导通、关断的实时控制，对启动、运行、故障保护也要实时控制。早期采用的模拟电路控制实时性相对较差，比较合理的是采用微机实现部分或全数字实时控制。在微机控制中，已由 8 位单片机发展为 16 位单片机，双 16 位或 32 位单片微机的应用亦正在研究开发之中。开关磁阻电机控制电路的集成化对简化硬件电路、产品系列化、提高可靠性等非常有效，是研究的方向之一。

（6）开关磁阻电机参数最优化控制和智能控制策略研究。从总体上讲，开关磁阻电机性能的改善必须考虑开关磁阻电机的非线性及参数时变特性，研究具有较高动态性能，算法简单，能抑制参数变化、扰动及各种不确定性干扰的开关磁阻电机新型控制策略。传统的控制策略主要是基于开关磁阻电机线性模型的 PI（比例-积分）或 PID（比例-积分-微分）控制，如电流控制、反馈转速控制等。在性能要求不高的情况下通过整定 PID 参数往往能够得到可以接受的性能和较好的经济性，但是由于开关磁阻电机的强非线性——绕组电流的非正弦与磁通密度的高饱和，基于线性模型的控制策略，其输出特性、动态和静态特性以及鲁棒性无法与直流传动相媲美。为改善系统性能，国内外发表了一些基于现代控制理论和智能控制技术建立开关磁阻电机系统动态模型与系统设计的文献。自适应控制、神经网络理论、模糊控制以及带状态观测器的无位置传感器开关磁阻电机系统在理论和实践应用上都有了可喜突破。

1.3 研究的主要内容和意义

■ 1.3.1 研究的主要内容

本书主要针对开关磁阻电机系统建模和转矩脉动问题进行研究。在开关磁阻电机非线性有限元模型的基础上建立四相（8/6 极）开关磁阻电机调速系统动态非线性仿真模型，分别对电流斩波控制方式与角度位置控制方式下的开关磁阻电机相电流、相转矩、合成转矩及角速度进行了动态性能仿真。通过对开关磁阻电机定子磁极结构进行改进，减小气隙磁场的突变，从而减小和抑制转矩脉动，基于拓扑优化理论对开关磁阻电机凸极结构进行了改进，最后对开关磁阻电机相关问题及最新研究进展进行了阐述。

（1）开关磁阻电机非线性电磁参数的有限元计算。根据选定样机尺寸及参数，通过有限元软件 ANSYS 对样机建模、材料属性分配、结构离散化、加载、电磁场求解以及数据后处理，得到后续控制模型中所需要的非线性电磁数据，如磁链、电感和静态转矩等。通过对 ANSYS 中的 APDL 命令流语句进行设置，对不同转子位置、不同电流载荷下的电磁场问题循环计算，将所得到的有限元求解数据保存到指定的数组文件中，以便 SIMULINK 中查表模块对数据的读取。通过对气隙层进行切割后旋转、网格化分等处理，有效地解决了转子的旋转运动问题，避免了求解过程中的重复建模。

（2）通过子域法推导建立开关磁阻电机的磁饱和非线性模型。通常开关磁阻电机运行在磁饱和状态，因此建立考虑磁饱和特性的开关磁阻电机气隙磁场模型具有实际参考意义。通过求解二维 Laplace 方程和极坐标下的 Poisson 方程推导了磁通分布的解析表达，为了说明模型的有效性，同时进行了开关磁阻电机的二维有限元计算和验证。

（3）开关磁阻电机动态系统仿真模型的建立。依据开关磁阻电机的控制方程、运动方程和机电联系方程以及逻辑换相规则，在 MATLAB/SIMULINK 环境下建立开关磁阻电机系统及子系统模型，并将有限元计算数据导入系统模型中的查表（Look-up）模块。

（4）控制仿真及模型验证。设置仿真参数，分别对开关磁阻电机在低速时进行电流斩波控制，在高速时进行角度位置控制；研究关断角与转矩脉动系数之间的关系、关断角与有效输出转矩之间的关系以及负载转矩与转速响应之间的关系。

（5）开关磁阻电机拓扑优化设计。通过水平集理论对开关磁阻电机的凸极结构进行拓扑优化，进一步改善开关磁阻电机的运行性能。借助拓扑优化策略，通过水平集（level set）方法引入一种材料边界来优化开关磁阻电机的转子凸极，改善电机的启动性能和转矩输出。研究内容主要包括基于水平集理论的拓扑优化方法、两相 4/2 极高速开关磁阻电机的启动性能优化以及四相 8/6 极开关磁阻电机转矩脉动问题优化。

（6）开关磁阻电机转矩脉动的抑制。从有限元计算的矩角特性曲线和系统仿真后的转矩输出波形得出引起转矩脉动的根本原因，然后从根本原因出发对开关磁阻电机定子磁极结构进行改进以减小气隙磁场的突变，进而减小和抑制转矩脉动。此外，通过水平集理论对开关磁阻电机转子凸极进行拓扑优化，进一步降低转矩脉动，通过相电流补偿控制对开关磁阻电机转矩脉动进行抑制研究。

开关磁阻电机系统分析流程如图 1.2 所示。

▌1.3.2　研究的目的、意义

通过将有限元与控制动态仿真相结合对开关磁阻电机系统进行整体研究，同时考虑静态电磁参数与动态性能的影响。目的是建立一种快速、准确的开关磁阻电机整机系统仿真环境，基于此环境对电机存在的问题如转矩脉动、振动与噪声

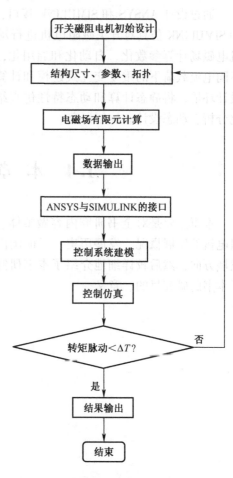

图 1.2　开关磁阻电机系统分析流程

等进行深一步的研究，有助于对开关磁阻电机系统全面分析与协调设计。对缩短开关磁阻电机系统的研发周期和可靠性设计有实际应用价值。最后通过对开关磁阻电机转矩脉动产生的机理进行分析，提出通过改进定子磁极结构来减小气隙磁场的突变，更加有效地抑制转矩脉动，此外通过拓扑优化理论对电机的凸极结构进行改进，对振动噪声、转子偏心等问题进行研究，从而可以提高开关磁阻电机的动态性能，使其能够应用于更广泛的领域。

应用 ANSYS 软件和 MATLAB/SIMULINK 软件对开关磁阻电机系统进行整体建模，考虑开关磁阻电机电磁场非线性和饱和特性的同时，又能够考虑外部驱动电路和控制参数的影响。将有限元与控制仿真相结合，将静态特性计算与动态性能分析相结合，能够全面地对开关磁阻电机系统进行结构设计与控制策略研究。

通过设计 ANSYS 和 SIMULINK 接口，综合利用有限元方法静态计算数据和 SIMULINK 仿真对开关磁阻电机进行动态设计和控制研究。将开关磁阻电机电磁场计算参数化、自动化和通用化，避免 ANSYS 软件对不同转子位置、不同电流载荷下的重复交互式建模和计算。建立了非线性开关磁阻电机动态设计环境，将静态计算和动态特性仿真结合，能够对开关磁阻电机进行系统化分析、动态设计和控制研究。

1.4　本章小结

本章主要是对全书研究内容做整体、概述性地介绍。首先介绍了开关磁阻电机的发展概况、发展历史、目前国内外对开关磁阻电机的研究情况及其发展方向，然后较详细地介绍了本书研究的主要内容及分析流程，最后介绍了本书的研究目的、意义。

第 2 章

开关磁阻电机建模方法研究

针对开关磁阻电机电磁特性分析，通常可以从"场"和"路"两个角度分别对其进行抽象建模研究。这里"场"指的是电机内部电磁场，"路"指的是电机的磁回路、电回路以及机械回路方程等。一般情况下，从"场"分析的角度建立开关磁阻电机的仿真模型包含电磁场数值方法、解析法或半解析法等，相对于"路"分析方法具有更高的计算精度。本章重点讨论开关磁阻电机的机-电回路分析与建模、磁路分析模型、电磁场分析模型以及通过解析方法对开关磁阻电机的电磁参数、电磁特性进行分析。

2.1　开关磁阻电机的机-电回路模型

开关磁阻电机运行的理论同其他任何电磁式机电装置运行理论在本质上一样，都可以看作一对电端口和一对机械端口的二端口装置。

以 m 相开关磁阻电机为例，若不考虑磁滞、涡流以及电机内部绕组之间互感影响因素时，开关磁阻电机系统机-电回路关系可以用图 2.1 表示。

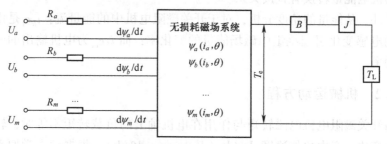

图 2.1　m 相开关磁阻电机二端口网络示意图

图 2.1 中，J 为 SR 电机转子及负载的转动惯量，$\text{kg} \cdot \text{m}^2$；$B$ 为黏性摩擦系数；T_L 为负载转矩，$\text{N} \cdot \text{m}$。从机-电分析的角度，开关磁阻电机的数学模

型由电压回路方程、机械运动方程、机-电联系方程三部分组成。

■ 2.1.1 电压回路方程

第 k 相绕组电压平衡方程为

$$U_k = R_k i_k + \frac{\mathrm{d}\psi_k(\theta, \ i)}{\mathrm{d}t} \tag{2.1}$$

式中：U_k 为第 k 相绕组端电压，V；R_k 为第 k 相绕组电阻，Ω；i_k 为第 k 相绕组电流，A；ψ_k 为第 k 相绕组磁链，Wb。

通常，磁链 ψ_k 是绕组电流 i_k 和转子位置角 θ 的函数，可以表示为

$$\psi_k = \psi_k(\theta, \ i) \tag{2.2}$$

磁链 ψ_k 也可用电感与电流的乘积来表示，即

$$\psi_k = L(\theta, \ i_k) i_k(\theta) \tag{2.3}$$

考虑到开关磁阻电机的相间绕组或线圈的耦合比较弱，即各相绕组间的互感一般比较小，进而可以忽略互感的影响。将式（2.3）代入式（2.1）得到

$$U_k = R_k i_k + \frac{\partial \psi_k}{\partial i_k}\frac{\mathrm{d}i_k}{\mathrm{d}t} + \frac{\partial \psi_k}{\partial \theta}\frac{\mathrm{d}\theta}{\mathrm{d}t} = R_k i_k + \left(L_k + i_k \frac{\partial L_k}{\partial i_k}\right)\frac{\mathrm{d}i_k}{\mathrm{d}t} + i_k \frac{\partial L_k}{\partial \theta}\omega$$

$$= R_k i_k + e_\mathrm{t} + e_\mathrm{m} \tag{2.4}$$

式中，ω 为机械角速度，rad/s，$\omega = \mathrm{d}\theta/\mathrm{d}t$。

式（2.4）表明，电源电压与电路中的三部分电压降相平衡。其中，等式右边第一项为第 k 相回路中的电阻压降；第二项 e_t 是由电流变化引起磁链变化而感应的电动势，称为变压器电动势；第三项 e_m 是由转子位置改变引起绕组中磁链变化而感应的电动势，称为运动电动势或电机电动势，它与开关磁阻电机的机电能量转换有直接关系。

另外，从能量的角度分析，对于开关磁阻电机中的能量流：$i_k e_\mathrm{t}$ 是由于相绕组的电感变化引起绕组中磁场能量的变化率；而 $i_k e_\mathrm{m}$ 为电机输出的电磁或机械功率。

■ 2.1.2 机械运动方程

当开关磁阻电机电磁转矩与作用在电机轴上的负载转矩不等时，转速就会发生变化，产生角加速度 $\mathrm{d}\omega/\mathrm{d}t$（其中，$\omega = \mathrm{d}\theta/\mathrm{d}t$）。根据动力学原理，可得出此时的电机转矩平衡方程式

$$T = J\frac{\mathrm{d}^2\theta}{\mathrm{d}t^2} + B\frac{\mathrm{d}\theta}{\mathrm{d}t} + T_\mathrm{L} \tag{2.5}$$

式中：T_L 为负载转矩；J 为转动惯量；B 为摩擦系数。

当开关磁阻电机进入稳态运行时，$\mathrm{d}\omega/\mathrm{d}t = 0$，则

$$T = B\frac{\mathrm{d}\theta}{\mathrm{d}t} + T_L \tag{2.6}$$

■ 2.1.3　机-电联系方程

上述分别从电路端口、机械端口列出了系统回路方程。可以看出，两者通过电磁转矩耦合在一起。因此，反映电机机电能量转换的转矩表达式可以用机-电联系方程进行表示。

开关磁阻电机的其中一相绕组在一个工作周期中的机电能量转换过程，可通过其在磁链-电流（ψ-i）坐标平面的轨迹加以完整描述，所以开关磁阻电机的静态性能可以通过一簇磁化曲线，即用随转子的位置 θ 和相电流 i 周期变化的磁链 ψ（θ，i）曲线来表征。这一轨迹必定介于两条极限磁化曲线内。两条极限磁化曲线分别对应于最小磁阻位置 $\theta_{\min}$ 和最大磁阻位置 $\theta_{\max}$。图 2.2 所示为某开关磁阻电机运行在角度位置控制下一相绕组在 ψ-i 平面上运行点的轨迹。

由于忽略相绕组间互感的影响，所以可从单相入手考察开关磁阻电机的电磁转矩。如图 2.2 所示，每相在一个周期内输出的总机械能 $W_m = \oint i\mathrm{d}\psi$，即为运行轨迹所包围的面积。

在任一运行点 a 处的瞬时转矩可以根据虚位移原理按下式求出：

$$T_a = \frac{\partial W'}{\partial \theta}\Big|_{i=\text{const}} = -\frac{\partial W}{\partial \theta}\Big|_{\psi=\text{const}} \tag{2.7}$$

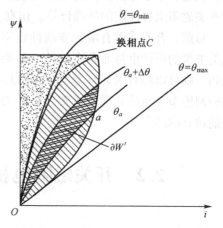

图 2.2　开关磁阻电机 ψ-i 特性轨迹

式中：$W' = \int_0^i \psi\mathrm{d}i = \int_0^i l(i,\theta)i\mathrm{d}i$ 为绕组的磁共能；$\partial W'$ 为耦合磁场在转子位移增量 $\Delta\theta$ 内的磁共能增量；$W = \int_0^\psi i(\psi,\theta)i\mathrm{d}\psi$ 为绕组的储能。

在 ψ-i 平面上，任一点处储能的大小即为运行点所对应转子位置处的磁化曲线以左的区域面积。图 2.2 中黑点的区域面积即为运行点 C 处绕组的磁能。C 点为换相点，这时绕组的主开关器件关断，绕组电流开始下降。图 2.2 说明，在磁路饱和状态下运行的开关磁阻电机是一种非线性严重的机电装置，表示磁储能和磁共能的积分很难解析计算，且储能和磁共能不可能相等。

实际中，电机及其负载都具有一定的转动惯量，决定电机出力及其动特性的往往是平均转矩。因此，平均转矩的计算比瞬时转矩的计算更具有意义。对式（2.7）在一个周期内积分并取平均，考虑到 m 相绕组的对称性，则开关磁阻电机平均输出转矩为

$$T_a = \frac{mN_r}{2\pi}\int_0^{2\pi/N_r} T_a[\theta, i(\theta)]\mathrm{d}\theta = \frac{mN_r}{2\pi}\int_0^{2\pi/N_r}\int_0^{i(\theta)} \frac{\partial l(\theta, \xi)}{\partial\theta}\xi\mathrm{d}\xi\mathrm{d}\theta \quad (2.8)$$

式中：ξ 为相电流的中间变量；m 为开关磁阻电机的相数；N_r 为开关磁阻电机的转子极数。

值得指出的是，上述数学模型尽管从理论上较完整、准确地描述了开关磁阻电机中电磁与力学的关系，但由于 $L(\theta, i)$ 与 $i(\theta)$ 难以解析，没有解析解，一般通过数值计算求出近似解，需根据具体电机的结构及研究目的，加以适当简化处理，因此可以采用线性模型、准线性模型和非线性模型的求解方法。线性模型仅能对开关磁阻电机进行定性分析，了解电机运行的物理状况、内部各物理量的基本特点和相互关系；而准线性模型具有一定的计算精度，但是多用于分析和设计功率变换器以及制定控制策略；非线性模型则用于开关磁阻电机性能的准确计算、仿真，是电机设计的必须手段。

目前，普遍采用有限元非线性模型对开关磁阻电机进行分析，同时对于此类电机的设计也是非常有效的。如果涉及开关磁阻电机的动态性能分析与控制，则可以将有限元计算与 SIMULINK 动态控制仿真相结合，通过有限元与控制模型之间的数据传递实现对开关磁阻电机整个系统的静态计算与动态性能仿真的结合。

2.2 开关磁阻电机的磁路分析模型

■ 2.2.1 基于磁路模型的电感参数计算

通常为了简化计算，从磁路分析的角度把电机各部分的磁场化成等效的各段磁路。图 2.3 所示为两相开关磁阻电机磁路等效示意图。

根据图 2.4 中简化的等效磁路模型，可以近似计算电感为

$$L = N^2\left(\frac{1}{R_{gt}} + \frac{1}{R_{gf}}\right) = N^2\left(\frac{1}{R_{st} + R_g + R_{rt}} + \frac{1}{R_{gf}}\right) \quad (2.9)$$

式中：N 为定子绕组匝数；R_{gt}、R_g、R_{st} 和 R_{rt} 分别为电机等效磁路各部分的等效磁阻；边缘等效磁阻 R_{gf} 为 $R_{gf1} // R_{gf2}$；$R_g = l_g/(\mu_0 A_g)$，$R_{rt} = l_{rt}/(\mu_r A_{rt})$；$l_g$、

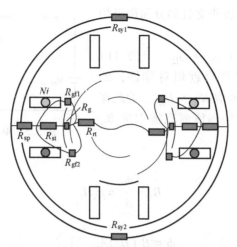

图 2.3　两相开关磁阻电机磁路等效示意图

A_g 和 l_{rt}、A_{rt} 分别为气隙与转子凸极区域等效磁路长度和截面积；μ_0 和 μ_r 分别为空气和转子硅钢片材料的相对磁导率。

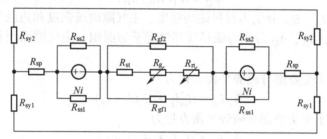

图 2.4　等效磁路模型

简化后，电感表示为

$$L = N^2\left(\frac{1}{R_{st} + \dfrac{l_g}{\mu_0 A_g} + \dfrac{l_{rt}}{\mu_r A_{rt}}} + \frac{1}{R_f}\right) = N^2\left(\frac{k_1}{k_2 + k_3 l_g + \dfrac{k_4}{\mu_r}} + k_5\right) \quad (2.10)$$

式中，$k_1 \sim k_5$ 与电机定转子凸极截面形状或 μ_0 有关，可以近似看成是常数。如图 2.4 所示，仅有 R_g 和 R_{rt} 为可调磁阻。这样，计算电感只随几何变量 l_g 和铁磁材料变量 μ_r 变化，前者通常用来改变转子凸极外缘气隙长度。

■2.2.2　基于磁路模型的磁通密度计算

对于 8/6 极结构的开关磁阻电机，在忽略定、转子轭的磁阻，三相轮流导通下，它的任意一项都可用图 2.5 所示的单支路等效磁路表示。

图中 ϕ 为总磁通，ϕ_m 为定转子极交叠部分气隙和齿极的磁通总和，ϕ_{f1}、

ϕ_{f2} 分别为定、转子极非交叠部分和齿极的磁通总和，即

$$\phi = \phi_m + \phi_{f1} + \phi_{f2} \qquad (2.11)$$

由于边缘磁密具有近似对称性，即 $B_{f1} \approx B_{f2}$，从而近似取 $H_{f1} \approx H_{f2}$，为此在求解边缘磁密和磁场强度时只需求解 B_{f1} 与 H_{f1}。

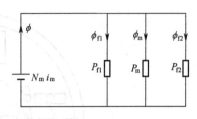

图 2.5 单支路等效磁路

又根据公式

$$B_i = \frac{\phi_i}{A_i} = \mu_i H_i \qquad (2.12)$$

可得

$$\left. \begin{aligned} \phi &= B_s(H_s)A_s \\ \phi_m &= B_m(H_m)A_m \\ \phi_{f1} &= B_{f1}(H_{f1})A_{f1} \\ \phi_{f2} &= B_{f1}(H_{f1})A_{f2} \end{aligned} \right\} \qquad (2.13)$$

式中：H_s、H_m、H_{f1} 分别为材料磁场强度、主气隙磁场强度和边缘气隙磁场强度；A_s、A_m、A_{f1}、A_{f2} 分别为磁场线穿过定子的面积、主气隙面积和两个边缘气隙面积。

定、转子交叠部分磁势平衡方程为

$$N_m i_m = H_m l_g + H_s(l - l_g) \qquad (2.14)$$

定、转子非交叠部分磁势平衡方程为

$$N_m i_m = H_{f1} l_f + H_s(l - l_f) \qquad (2.15)$$

式中：N_m 为绕组匝数；i_m 为绕组相电流；l_g 为平均气隙长度；l_f 为边缘磁通路径的平均长度；l 为定子轭到转子轭的距离。

定义 θ 为转子磁极偏离极对中位置的角度，假设边缘磁通路径为 1/4 圆形轨迹，由于定转子极极宽不相等，设开关磁阻电机定、转子极弧为 β_s、β_r，且 $\beta_s \leqslant \beta_r$，设 $2\beta = \beta_r - \beta_s$，所以边缘磁路平均长度分别为

$$l_f = \begin{cases} l_g + \dfrac{\pi r \beta}{2}, & \theta \in [0, \beta] \\[2mm] l_g + \dfrac{\pi r |\theta|}{2}, & \theta \in (\beta, \beta_r - \beta] \end{cases} \qquad (2.16)$$

考虑磁饱和，取经典材料磁化曲线拟合公式

$$B(H_s) = \frac{\mu_0 \mu_r H_s}{1 + \dfrac{\mu_0 \mu_r H_s}{B_{sat}}} + \mu_0 H_s \qquad (2.17)$$

通过磁化曲线拟合，联合上述公式解得主气隙磁场强度与磁密分别为

$$H_m = \frac{B_{sat}a + N_m i_m b\mu}{2\mu} - $$
$$\sqrt{\left(\frac{B_{sat}a + N_m i_m b\mu}{2\mu}\right)^2 - c(B_{sat}d + \mu N_m i_m)} \quad (2.18)$$

$$B_m = \mu_0 \left[\frac{B_{sat}a + N_m i_m b\mu}{2\mu} - \right.$$
$$\left. \sqrt{\left(\frac{B_{sat}a + N_m i_m b\mu}{2\mu}\right)^2 - c(B_{sat}d + \mu N_m i_m)} \right] \quad (2.19)$$

式中：$\mu = \mu_0\mu_r$；$a = b(l + l_g) + \dfrac{\mu_r + 1}{l} - 4$；$b = (l + l_g)/(l_g l)$；$c = N_m i_m/(\mu l_g l)$；$d = (\mu_r + 1)(l - l_g)$。

综合相关公式解得

$$B_{f1} = \mu_0 \left[\frac{2\mu d_0 + B_{sat}b_0 - \phi_m \mu l_f}{2\mu l_f a_0} - \right.$$
$$\left. \sqrt{\left(\frac{2\mu d_0 + B_{sat}b_0 - \phi_m \mu l_f}{2\mu l_f a_0}\right)^2 - \frac{A_s(\mu e + B_{sat}e_0) - \phi_m c_0}{\mu l_f a_0}} \right] \quad (2.20)$$

式中：$a_0 = \dfrac{A_s l_f}{l - l_f} + 2A_f$；$b_0 = B_{sat}[A_s l_f(\mu_r + 1) + A_f(l - l_f)]$；$c_0 = \phi_m[\mu N_m i_m + B_{sat}(l - l_f)]$；$d_0 = N_m i_m(a_0 - A_f)$；$e = A_s(N_m i_m)^2/(l - l_f)$；$e_0 = N_m i_m(\mu_r + 1)$；$A_f = A_{f1} + A_{f2}$。

2.3 基于有限元法的开关磁阻电机数值分析模型

由于开关磁阻电机的结构和运行原理与传统交直流电机具有较大差别，加之其磁场的饱和特性，以路的观点进行电机性能的理论分析存在很大的局限性。相反，以场的观点，全面、系统地分析电机性能，以便进行电机设计、控制分析及仿真计算，显示出极大的优越性。基于电磁场理论和有限元法对开关磁阻电机电磁场进行分析与计算，在此类电机的研究中占据十分重要的地位，也是

整个电机设计和运行性能分析的基础部分。磁链-电流-转子位置角（$\psi-i-\theta$）非线性特性曲线是开关磁阻电机动态性能仿真分析的关键。通过这些非线性电磁参数，可以更加清楚地了解实际电机内部能量转换的方式、大小以及电机的磁饱和情况；同时，磁链特性曲线、数据是电感、磁能、电磁转矩以及其他量的计算依据，也是开关磁阻电机优化、协调设计与控制的参考。

目前，获得开关磁阻电机的非线性电磁参数的方法主要有两种：有限元数值计算法和试验测量法。考虑到进行试验测量的对象主要是已经成型的开关磁阻电机，因此不容易计及电机几何结构参数和电磁参数变化的影响。随着计算机技术的发展，有限元分析法已具有足够的计算精度，而且不用考虑测量仪器和线路布置，几乎不受环境干扰因素影响，可以有效地降低成本、缩短试验周期。

有限元法是基于建立研究对象的数学模型，用现代数学方法求出有关微分方程定解问题的解，并对计算结果进行加工和解释。有限元电磁计算的目的是求解电气工程中各种设备或其某个部件中的电磁场分布问题。电磁场的分布规律在数学上为定解偏微分方程的求解问题。由于电磁场分布存在于复杂的结构及多种材料构成的场域中，并且往往还包含了非线性材料特性以及不同函数形式的外部激励等复杂情况，而有限元法非常适合于解决像电机这类由多种材料组成且具有复杂结构边界的问题。

■ 2.3.1 电机内的电磁场及其边值问题

1. 电磁场基本理论

1864 年，麦克斯韦（Maxwell）在总结前人工作的基础上，提出了适用于宏观电磁现象的数学模型，称为 Maxwell 方程组，它是支配所有宏观电磁现象的一组基本方程。电磁分析问题实际上是求解给定边界条件下的 Maxwell 电磁场方程组的问题。用有限元方法处理电磁场问题的微分方程是基于微分形式的 Maxwell 方程组：

$$\nabla \times \boldsymbol{H} = \boldsymbol{J}_{\mathrm{c}} + \frac{\partial \boldsymbol{D}}{\partial t} \tag{2.21}$$

$$\nabla \times \boldsymbol{E} = -\frac{\partial \boldsymbol{B}}{\partial t} \tag{2.22}$$

$$\nabla \cdot \boldsymbol{B} = 0 \tag{2.23}$$

$$\nabla \cdot \boldsymbol{D} = \rho \tag{2.24}$$

$$\nabla \cdot \boldsymbol{J}_{\mathrm{c}} = -\frac{\partial \rho}{\partial t} \tag{2.25}$$

上述方程组中：$\boldsymbol{H}$ 为磁场强度，A/m；$\boldsymbol{B}$ 为磁感应强度或磁通密度，T；

D 为电位移向量，C/m^2；E 为电场强度，V/m；J_c 为传导电流密度，A/m^2；ρ 为自由电荷体密度，C/m^3。

在导体中，若所研究的电磁场随时间正弦变化，则导体中的位移电流密度幅值 J_D（$\partial D/\partial t$）与传导电流密度幅值 J_c 之比应为 $J_D/J_c = \omega D/(\gamma E) = 2\pi f \varepsilon_0/\gamma$；对金属导体，电导率 γ 的数量级为 10^7，而相对介电常数 $\varepsilon_0 = 8.85 \times 10^{-12}$ F/m，故当频率 f 在 10^{10} Hz 以下时，均有 $J_D/J_c < 10^{-7}$。这说明：对于导体区中的低频电磁场，位移电流可以忽略不计。传导电流又可表示为

$$J_c = J_s + J_e \tag{2.26}$$

式中：J_s 为源电流或外施激励电流密度，A/m^2；J_e 为由磁场变化引起的涡流电流密度，A/m^2，由于本书不考虑涡流效应，因此 $J_e = 0$。

经过简化后，电机内低频电磁场的 Maxwell 方程组为

$$\nabla \times H = J_c \tag{2.27}$$

$$\nabla \times E = -\frac{\partial B}{\partial t} \tag{2.28}$$

$$\nabla \cdot B = 0 \tag{2.29}$$

$$\nabla \cdot D = \rho \tag{2.30}$$

$$\nabla \cdot J_c = -\frac{\partial \rho}{\partial t} \tag{2.31}$$

上述方程组中只有式（2.27）、式（2.28）和连续性方程（2.31）是相互独立的，其余两个方程可以在一定条件下由旋度方程导出。整个求解问题中共有 5 个未知矢量（E、D、B、H、J_c）和一个未知标量（ρ），即共有 16 个未知标量。而独立标量方程仅有 7 个，方程数少于未知量数，即方程为非定解形式，需补充 9 个独立标量方程才能使方程组得到确定解。下面引入 3 个本构方程，使问题转为定解形式

$$J_c = \gamma E，D = \varepsilon E，B = \mu H \tag{2.32}$$

式中：γ 为电导率，S/m；ε 为介电常数，F/m；μ 为磁导率，H/m。

2. 势函数 A 的引入及边值问题

（1）势函数 A。从 Maxwell 方程组可以看出，电磁变量是相互交织在一起的，使得问题复杂化。为了简化求解问题，引入矢量磁势 A（因为势函数比场量本身更容易建立边界条件，计算也比较容易），得到独立的磁场偏微分方程，以便于对求解问题进行数值计算。磁势 A 定义为

$$B = \nabla \times A \tag{2.33}$$

求解以势函数表示的偏微分方程更容易，只要求解出电磁场的势函数，其他的电磁物理量都可以由其导出。将势函数代入到简化后的 Maxwell 方程组

中，对于低频时变场，由于其变化速率很小，一般方程中的时变量可以近似忽略，求解问题可以用泊松（Poisson）方程来表示：

$$\nabla^2 A = -\mu \cdot J \tag{2.34}$$

（2）边值问题。电磁场的分析和计算通常归结为求微分方程的解。对于偏微分方程，使其成为定解问题的辅助条件有两种：一种是表达场的边界所处的物理情况，称为边界条件；另一种是确定场的初始状态，称为初始条件。目前，电机电磁场问题主要研究的是没有初始条件而只有边界条件的定解问题——边值问题。研究磁场问题时，一般用两类边界条件，即第一类边界条件和第二类边界条件：

1）边界上的物理条件规定了物理量 u 在边界 Γ 上的值

$$u\,|_{\Gamma} = f_1(\Gamma) \tag{2.35}$$

式（2.35）称为第一类边界条件，当物理量在边界上的值为零时，称为齐次边界条件。

2）边界上的物理条件规定了物理量 u 的法向微商在边界上的值

$$\frac{\partial u}{\partial n}\,|_{\Gamma} = f_2(\Gamma) \tag{2.36}$$

式（2.36）称为第二类边界条件，当 u 的法向微商为零时，称为第二类齐次边界条件。

电机电磁场不考虑位移电流的影响，属于似稳场。电机中分析得最多的是垂直于电机轴的平行平面场——二维场，这时电流密度和磁矢位 A 只有 z 轴方向的分量。对于稳态情况，平面场域 Ω 上的电磁场问题表示为边值问题

$$\Omega: \frac{\partial}{\partial x}\left(\nu \frac{\partial A}{\partial x}\right) + \frac{\partial}{\partial y}\left(\nu \frac{\partial A}{\partial y}\right) = -J_z \tag{2.37}$$

$$\Gamma_1: A = A_0 \tag{2.38}$$

$$\Gamma_2: \nu \frac{\partial A}{\partial n} = -H_t \tag{2.39}$$

式中：$\nu(B) = 1/\mu$ 为磁通密度的磁阻函数；J_z 为绕组区域电流源密度。由于考虑到电机定、转子铁芯材料的磁饱和效应，所以 $\nu(B)$ 呈现非线性，不再为常数，如普通硅钢片材料的磁化特性曲线。

■ 2.3.2 电机电磁场有限元分析

1. 有限元法发展概况

有限元思想最早是由 Courant 于 1943 年提出的。20 世纪 50 年代初，在复杂的航空结构分析中最先得到应用。而有限元法（finite element method，FEM）这个名称则由 Clough 于 1960 年在其著作中首先提出。有限元法以变分

原理为基础, 用剖分插值的办法建立各自由度间的相互关系, 把二次泛函的极值问题转化为一组多元代数方程组来求解。它能使复杂结构、复杂边界情况的定解问题得到解答。60 多年来, 有限元法因其理论依据的普遍性, 作为一种声誉很高的数值分析方法已被普遍推广并成功地用来解决各种工程领域中的问题。1965 年, Winslow 首先将有限元法应用于电气工程问题, 用以分析加速器磁铁的饱和效应。而电机内的电磁场问题的第一个通用非线性变分表述, 则是由 Silvester 和 Chari 于 1970 年提出的。此后, 有限元法得到了快速发展, 被认为是电机工程领域内发展得最迅速的一种技术, 并陆续应用于各种电工问题。1969 年, 首先在流体力学领域中, 通过运用加权余量法导出的 Galerkin 法或最小二乘法同样得到了有限元方程, 这样有限元法就不再局限于变分原理的导出基础, 即不必要求待求场与泛函极值之间的对应关系, 而可应用加权余量法直接导出与任何微分方程形式的边值问题的有限元方程。20 世纪 80 年代末提出的基于 B 样条函数构造基函数的 B 样条有限元法, 不但保证了解的高精度, 而且保证了与物理场特性相一致的场量数值解的连续性。在近 20 年, 由于数值处理技术的提高, 如采用不完全 Cholesky 分解法、ICCG 法、自适应网格剖分等方法, 使得有限元在电磁场数值计算中越来越占主导地位。目前, 有限元法已经成为各类电磁场、电磁波工程问题定量分析与优化设计的主导数值计算方法。

2. 有限元法的主要特点

有限元法的主要特点如下:

(1) 系数矩阵对称、正定且具有稀疏性。

(2) 第二类齐次边界条件自动满足, 对由多种材料组成的电机类系统非常适用。

(3) 几何剖分灵活, 适合解决电机类几何形状复杂的问题。

(4) 能较好地处理非线性问题。

(5) 根据该方法编制的软件系统对于各类电磁计算问题具有较强的适应性。

3. 电磁场有限元分析的一般步骤

电磁场有限元分析的一般步骤如下:

(1) 从所考察的电磁场边值问题出发, 利用变分原理, 把问题转化为等价的变分问题, 即能量积分函数的极值问题。

(2) 将求解区域剖分为一系列子区域, 即区域离散。

(3) 选取分片光滑的插值函数去逼近整个求解区域内光滑的磁位函数 (A_z)。

（4）把磁位的插值函数代入能量积分，对变分问题进行离散化处理，得到以 n 个节点磁位为未知数的 n 阶线性代数方程组。

（5）结合边界条件，求解线性代数方程组，得到节点磁位的数值近似解，由此通过后处理计算出各个节点和单元的磁感应强度值。

（6）对于电机电磁场问题，可以通过后处理得到所需要的各电磁参量（如磁通、储能、力、力矩、电容及电感等）。

4. 条件变分问题及其求解

电机电磁场边值问题可等价于以下条件变分问题（泛函极值问题）

$$W(A) = \iint_{\Omega} \left(\int_0^B B\,\mathrm{d}B - J_z A \right) \mathrm{d}x\mathrm{d}y - \int_{\Gamma_2} (-H_t)A\,\mathrm{d}l = \min \qquad (2.40)$$

$$\Gamma_1: \ A = A_0 \qquad (2.41)$$

式中：$W(A)$ 为 A 的能量泛函；$B = \sqrt{\left(\dfrac{\partial A}{\partial x}\right)^2 + \left(\dfrac{\partial A}{\partial y}\right)^2}$。

条件变分问题可离散为代数方程组。首先将计算区域剖分为有限多个小单元，有限单元的种类有三角形、四边形等，在此使用一阶线性三角形单元进行网格剖分，如图 2.6 所示。

对单元构造插值函数

$$A = N_i A_i + N_j A_j + N_m A_m \qquad (2.42)$$

对于图示三角形单元，通常要求单元的三节点 i、j、m 按逆时针方向编号。

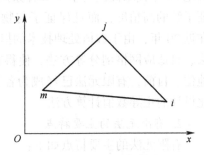

图 2.6　有限元三角形单元

$$N_h = \frac{1}{2\Delta}(a_h + b_h x + c_h y) \quad (h = i,\ j,\ m) \qquad (2.43)$$

式中 $a_j = x_m y_i - x_i y_m$；$a_i = x_j y_m - x_m y_j$；$a_m = x_i y_j - x_j y_i$；$b_i = y_j - y_m$；$b_j = y_m - y_i$；$b_m = y_i - y_j$；$c_i = x_m - x_j$；$c_j = x_i - x_m$；$c_m = x_j - x_i$；Δ 为三角形单元的面积。

$$\Delta = \frac{1}{2} \begin{vmatrix} 1 & x_i & y_i \\ 1 & x_j & y_j \\ 1 & x_m & y_m \end{vmatrix} = \frac{1}{2}(b_i c_j - b_j c_i) \qquad (2.44)$$

由于 Δ、a_h、b_h、c_h 都是仅与三角形三节点坐标有关的函数，故称 N_h 为形状函数，简称形函数。

将 A 对 x 和 y 分别求一阶偏导数，可得

$$\frac{\partial A}{\partial x} = \frac{1}{2\Delta}(b_i A_i + b_j A_j + b_m A_m) \qquad (2.45)$$

$$\frac{\partial A}{\partial y} = \frac{1}{2\Delta}(c_i A_i + c_j A_j + c_m A_m) \tag{2.46}$$

对于二维电磁场分析，磁力线全部在 xOy 平面内，磁场只有 x 轴和 y 轴方向的分量，即

$$B_x = \frac{\partial A}{\partial y}, \ B_y = -\frac{\partial A}{\partial x} \tag{2.47}$$

可见，一阶线性三角形单元中的磁通密度 B 为常数，当然，另外一个单元中的 B 为另一个常数。即一阶三角形单元离散使得场量不连续。为减小这种误差，需要采用较密的离散网格，或采用高阶插值单元。

将插值函数及其对 x、y 的一阶偏导数代入能量泛函中，变分问题转化为能量泛函 W 求极值的问题，从而得到节点函数的代数方程组。对一个单元分析的结果，写成矩阵的形式

$$\begin{bmatrix} \dfrac{\partial W}{\partial A_i} \\[2mm] \dfrac{\partial W}{\partial A_j} \\[2mm] \dfrac{\partial W}{\partial A_m} \end{bmatrix} = \begin{bmatrix} k_{ii} & k_{ij} & k_{im} \\ k_{ji} & k_{jj} & k_{jm} \\ k_{mi} & k_{mj} & k_{mm} \end{bmatrix} \begin{bmatrix} A_i \\ A_j \\ A_m \end{bmatrix} - \begin{bmatrix} p_i \\ p_j \\ p_m \end{bmatrix} = 0 \tag{2.48}$$

式中：$k_{ii} = \dfrac{\nu}{4\Delta}(b_i^2 + c_i^2)$；$k_{jj} = \dfrac{\nu}{4\Delta}(b_j^2 + c_j^2)$；$k_{mm} = \dfrac{\nu}{4\Delta}(b_m^2 + c_m^2)$；$k_{ij} = k_{ji} = \dfrac{\nu}{4\Delta}(b_i b_j + c_i c_j)$；$k_{jm} = k_{mj} = \dfrac{\nu}{4\Delta}(b_j b_m + c_j c_m)$；$p_h = \dfrac{J_z \Delta}{3}$；$k_{mi} = k_{im} = \dfrac{\nu}{4\Delta}(b_m b_i + c_m c_i)$；$(h = i, j, m)$。

将整个计算域上各单元的能量函数对同一节点磁位的一阶偏导数加在一起，并根据极值原理令其和为零，得到线性代数方程组为

$$\begin{bmatrix} k_{11} & \cdots & k_{1n} \\ \vdots & \vdots & \vdots \\ k_{n1} & \cdots & k_{nn} \end{bmatrix} \begin{bmatrix} A_1 \\ \vdots \\ A_n \end{bmatrix} = \begin{bmatrix} p_i \\ \vdots \\ p_n \end{bmatrix} \tag{2.49}$$

有限元方程的系数矩阵是对称、正定的，且具有稀疏性，通常用 ICCG 法结合非零元素压缩存储求解。但对于非线性问题，由于系数矩阵中的磁阻率 ν 是变量，得到的是一个非线性方程组，通常用牛顿-拉斐森（Newton-Raphson）迭代法来求解非线性方程组。

条件变分问题（能量泛函极值）对应的非线性有限元离散化方程组为

$$[k]\{A\} = \{p\} \tag{2.50}$$

令
$$\{f(A)\} = [k]\{A\} \tag{2.51}$$

通过牛顿-拉斐森迭代法求解有限元离散后非线性代数方程组，经过适当次迭代后，解趋于收敛，从而可以得到场域中任意点的磁矢位 A 的值。

5. 电磁场量计算

根据求解得到的场内任意点的磁矢位 A，每相绕组的磁链为

$$\psi = \frac{1}{i} \int_V JA\mathrm{d}V \tag{2.52}$$

通过有限元离散后，得到

$$\psi = \frac{Nl}{S} \sum_{k=1}^{n} A_k S_k \tag{2.53}$$

式中：l 为电机铁芯的叠片长度，mm；N 为每相绕组匝数；S 为相绕组区域面积，mm^2；n 为求解域内有限单元个数。

磁共能为转子位置角 θ 和电流 i 的函数，可以通过下式积分得到

$$W'(\theta,\ i) = \int_0^i \Psi(\theta,\ i)\mathrm{d}i \big|_{\theta=\mathrm{const}} \tag{2.54}$$

当电流为常值时，电磁转矩 T 可以通过磁共能 $W'(\theta,\ i)$ 对转子位置角 θ 的偏导数求得

$$T(\theta,\ i) = \frac{\partial W'(\theta,\ i)}{\partial \theta} \big|_{i=\mathrm{const}} \tag{2.55}$$

由式（2.55）可知，开关磁阻电机转矩为绕组电流 i 和定转子相对位置 θ 的函数。

2.4 基于子域法的开关磁阻电机电磁场解析建模

本节重点阐述通过子域法推导建立开关磁阻电机的磁饱和非线性模型。通常开关磁阻电机运行在磁饱和状态，因此建立考虑磁饱和特性的开关磁阻电机气隙磁场模型具有实际参考意义。通过求解二维 Laplace 方程和极坐标下的 Poisson 方程推导了磁通分布的解析表达，为了说明模型的有效性，同时进行了开关磁阻电机的二维有限元计算和验证。

■2.4.1 开关磁阻电机解析建模的推导

为了获得开关磁阻电机内部中电磁场的准确分布，考虑以下定义和假设：在极坐标下，基于二维 Laplace 方程和 Poisson 方程，导出了控制偏微分方程。为了确定所有子区域的解，根据区域数及其几何形状定义了一组边界条件。

首先，通过空间函数表示电流密度和磁通量密度。电流密度表示为注入开关磁阻电机定子槽内的矩形波函数。然后，通过对铁芯硅钢片材料非线性磁特性进行补偿，反映气隙中磁饱和的影响。根据图 2.7 所示的边界条件，可以确定不同子域（区域Ⅰ、Ⅱ、Ⅲ）的磁矢量势和磁通量密度。在子域分析中，假设铁芯的相对磁导率无限大。

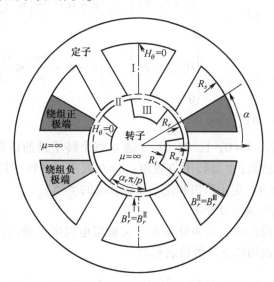

图 2.7　开关磁阻电机子域法解析建模的边界条件

1. 电磁场微分控制方程

对于开关磁阻电机的二维电磁场，控制偏微分方程可表示为 Poisson 方程和 Laplace 方程，在极坐标下引入磁矢位 A，二维可以只给出 A_z 分量。这样，每个子域的控制方程可以表示如下：

$$\text{区域 Ⅰ}\quad \frac{\partial^2 A_z^w}{\partial r^2} + \frac{1}{r}\frac{\partial A_z^w}{\partial r} + \frac{1}{r^2}\frac{\partial^2 A_z^w}{\partial \theta^2} = -\mu_0 J_z$$

$$\text{区域 Ⅱ}\quad \frac{\partial^2 A_z^{a_1}}{\partial r^2} + \frac{1}{r}\frac{\partial A_z^{a_1}}{\partial r} + \frac{1}{r^2}\frac{\partial^2 A_z^{a_1}}{\partial \theta^2} = 0$$

$$\text{区域 Ⅲ}\quad \frac{\partial^2 A_z^{a_2}}{\partial r^2} + \frac{1}{r}\frac{\partial A_z^{a_2}}{\partial r} + \frac{1}{r^2}\frac{\partial^2 A_z^{a_2}}{\partial \theta^2} = 0 \qquad (2.56)$$

式中：上标字母 w、a_1 和 a_2 分别为Ⅰ、Ⅱ和Ⅲ的区域；J_z 为定子槽中分布的电流密度；r 和 θ 表示极坐标中的半径和角度。

2. 边界条件定义

在定子和转子铁芯的范围内，假定磁导率为无限大。然后，边界条件（边界条件在图 2.7 中描述）可以表示如下：

$$\left. \begin{array}{l} H_\theta^w(r,\ \theta)\ \big|_{r=R_s}=0 \\[2mm] B_r^w(r,\ \theta)\ \big|_{r=R_a}=B_r^a(r,\ \theta)\ \big|_{r=R_a} \\[2mm] H_\theta^w(r,\ \theta)\ \big|_{r=R_a}=H_\theta^a(r,\ \theta)\ \big|_{r=R_a} \\[3mm] B_r^{a_1}(r,\ \theta)\ \big|_{r=R_r}=\begin{cases} B_r^{a_2}(r,\ \theta)\ \big|_{r=R_r} & \left|\theta-\alpha-\dfrac{k\pi}{p}\right|\leqslant\dfrac{\alpha_r\pi}{2p} \\[3mm] 0 \end{cases} \\[6mm] H_\theta^{a_1}(r,\ \theta)\ \big|_{r=R_r}=\begin{cases} H_\theta^{a_2}(r,\ \theta)\ \big|_{r=R_r} & \left|\theta-\alpha-\dfrac{k\pi}{p}\right|\leqslant\dfrac{\alpha_r\pi}{2p} \\[3mm] 0 \end{cases} \\[6mm] H_\theta^{a_2}(r,\ \theta)\ \big|_{r=R_i}=0 \end{array} \right\} \tag{2.57}$$

式中，p 为极对数，$k=0$，1，2，$2p-1$ 表示每个转子槽的指数，是转子在每一极节处的铁芯槽弧；θ 是转子位置角；$\theta=0$ 表示对齐转子位置；R_r、R_a 和 R_s 分别为转子凸极、定子凸极和定子铁轭弧度的半径。

3. 定子槽内电流密度分布

在此，将电流密度表示为分布在开关磁阻电机定子槽内的矩形函数。一相的电流密度可以用傅立叶级数表示为

$$J(\theta)=\sum_{n=1}^{\infty}J_n\cos n(\theta-\delta_j) \tag{2.58}$$

式中，$\delta_j=\pi(j-1)/q$，$j=1$，2，$\cdots$，q。根据三角函数关系，电流密度可以进一步表示为

$$J(\theta)=\sum_{n=1}^{\infty}J_n\cos(n\delta_j)\cos(n\theta)+J_n\sin(n\delta_j)\sin(n\theta) \tag{2.59}$$

简化后，得

$$J(\theta)=\sum_{n=1}^{\infty}J_n^c\cos(n\theta)+J_n^s\sin(n\theta) \tag{2.60}$$

式中：$J_n^s=J_n\sin(n\delta_j)$，$J_n^c=J_n\cos(n\delta_j)$。在静态分析中，J_n 假设为常数。以三相 6/4 极开关磁阻电机为例，每个阶段电流密度的分布如图 2.8 所示。图中显示了电流密度的分布，它考虑了沿定子圆方向的极和槽的分布。槽内电流密度分布的傅立叶级数表达式可以模拟开关磁阻电机恒定电流下的磁激励。

4. 磁矢位的通解表达

在定子绕组的子域内（区域Ⅰ），得到了磁矢位 **A** 的通解如下：

$$A_z^w=\sum_{n=1}^{\infty}(a_n^w r^{np}+b_n^w r^{-np})\sin(np\theta)+$$

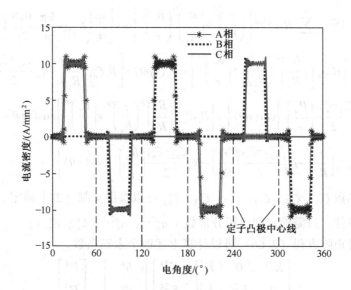

图 2.8 定子槽电流密度的分布

$$k_n^s r^2 \sin(n\theta) + (c_n^w r^{np} + d_n^w r^{-np})\cos(np\theta) + k_n^c r^2 \cos(n\theta) \quad (2.61)$$

式中：k_n 为与电流密度有关的系数。在气隙的子域内（区域Ⅱ），一般磁矢位通解表示为

$$A_z^{a1} = \sum_{n=1}^{\infty} (a_n^{a_1} r^{np} + b_n^{a_1} r^{-np})\sin(np\theta) + (c_n^{a_1} r^{np} + d_n^{a_1} r^{-np})\cos(np\theta)$$

$$(2.62)$$

在转子槽子域内（区域Ⅲ），磁矢位的一般解表示为

$$A_z^{a2} = b_0^{a2,k}\ln r + \sum_{v=1}^{\infty} \left(a_v^{a2,k} r^{\frac{vp}{\alpha_r}} + b_v^{a2,k} r^{-\frac{vp}{\alpha_r}} \right) \cos\left[\frac{vp}{\alpha_r}\left(\theta - \alpha - \frac{k\pi}{p} + \frac{\alpha_r \pi}{2p} \right) \right]$$

$$(2.63)$$

上式中，系数 k_n^c 和 k_n^s 可以根据边界条件确定。考虑式（2.57）描述的所有边界条件，可以给出不同区域的磁矢位：

$$A_z^w = \sum_{n=1}^{\infty} \left\{ R_r \hat{b}_n^w \left[\left(\frac{R_r}{R_s}\right)^{np} \left(\frac{r}{R_s}\right)^{np} + \left(\frac{R_r}{r}\right)^{np} \right] \sin(np\theta) - \left[R_s \zeta_{n1}^s \left(\frac{r}{R_s}\right)^n - k_n^s r^2 \right] \sin(n\theta) \right\} +$$

$$\left\{ R_r \hat{d}_n^w \left[\left(\frac{R_r}{R_s}\right)^{np} \left(\frac{r}{R_s}\right)^{np} + \left(\frac{R_r}{r}\right)^{np} \right] \cos(np\theta) - \left[R_s \zeta_{n1}^c \left(\frac{r}{R_s}\right)^n - k_n^c r^2 \right] \cos(n\theta) \right\}$$

$$(2.64)$$

$$A_z^{a2} = \sum_{v=1}^{\infty} R_r \hat{a}_v^{a2,k} \left[\left(\frac{r}{R_r} \right)^{\frac{vp}{\alpha_r}} + \left(\frac{R_i}{R_r} \right)^{\frac{vp}{\alpha_r}} \left(\frac{R_i}{r} \right)^{\frac{vp}{\alpha_r}} \right] \cos \left[\frac{vp}{\alpha_r} \left(\theta - \alpha - \frac{k\pi}{p} + \frac{\alpha_r \pi}{2p} \right) \right] \quad (2.65)$$

$$
\begin{aligned}
A_z^{a1} = \sum_{n=1}^{\infty} & \left\{ R_r \hat{b}_n^w \left[\left(\frac{R_r}{R_s} \right)^{np} \left(\frac{r}{R_s} \right)^{np} + \left(\frac{R_r}{r} \right)^{np} \right] \sin(np\theta) - \left[R_s \zeta_{n1}^s \left(\frac{r}{R_s} \right)^n - R_a \frac{\zeta_{n2}^s + \zeta_{n3}^s}{2} \left(\frac{r}{R_a} \right)^n - \right. \right. \\
& \left. R_a \frac{\zeta_{n2}^s - \zeta_{n3}^s}{2} \left(\frac{R_a}{r} \right)^n \right] \sin(n\theta) \right\} + \left\{ R_r \hat{d}_n^w \left[\left(\frac{R_r}{R_s} \right)^{np} \left(\frac{r}{R_s} \right)^{np} + \left(\frac{R_r}{r} \right)^{np} \right] \cos(np\theta) - \\
& \left. \left[R_s \zeta_{n1}^c \left(\frac{r}{R_s} \right)^n - R_a \frac{\zeta_{n2}^c + \zeta_{n3}^c}{2} \left(\frac{r}{R_a} \right)^n - R_a \frac{\zeta_{n2}^c - \zeta_{n3}^c}{2} \left(\frac{R_a}{r} \right)^n \right] \cos(n\theta) \right\} \quad (2.66)
\end{aligned}
$$

式中：系数 ζ_{n1}^s、ζ_{n1}^c、ζ_{n2}^s、ζ_{n2}^c、ζ_{n3}^s、ζ_{n3}^c 可以参照文献［27］确定。这样，根据边界条件，只需确定四组积分常数（ $\hat{a}_v^{a2,0}$, $\hat{a}_v^{a2,1}$, $\hat{b}_n^w$, $\hat{d}_n^w$ ）。

通过矩阵方程（2.66）可以计算上述四个未知系数。

$$\begin{bmatrix} K^{11} & 0 & K^{13} & K^{14} \\ 0 & K^{22} & K^{23} & K^{24} \\ K^{31} & K^{32} & K^{33} & 0 \\ K^{41} & K^{42} & 0 & K^{43} \end{bmatrix} \begin{bmatrix} b^w \\ d^w \\ a^{a2,0} \\ a^{a2,1} \end{bmatrix} = \begin{bmatrix} P^1 \\ P^2 \\ P^3 \\ P^4 \end{bmatrix} \quad (2.67)$$

其中：$\quad K^{11} = 2n \left[\left(\frac{R_r}{R_s} \right)^{2np} - 1 \right]$, $K^{13} = \frac{v}{\alpha_r} \left[\left(\frac{R_i}{R_r} \right)^{\frac{2pv}{\alpha_r}} - 1 \right] \varepsilon_s(n, v)$,

$$K^{14} = (-1)^n \frac{v}{\alpha_r} \left[\left(\frac{R_i}{R_r} \right)^{\frac{2pv}{\alpha_r}} - 1 \right] \varepsilon_s(n, v), \quad K^{22} = 2n \left[\left(\frac{R_r}{R_s} \right)^{2np} - 1 \right],$$

$$K^{23} = \frac{v}{\alpha_r} \left[\left(\frac{R_i}{R_r} \right)^{\frac{2pv}{\alpha_r}} - 1 \right] \varepsilon_c(n, v), \quad K^{24} = (-1)^n \frac{v}{\alpha_r} \left[\left(\frac{R_i}{R_r} \right)^{\frac{2pv}{\alpha_r}} - 1 \right] \varepsilon_c(n, v),$$

$$K^{31} = n \left[\left(\frac{R_r}{R_s} \right)^{2np} + 1 \right] \gamma_{c1}(n, v),$$

$$k^{32} = n \left[\left(\frac{R_r}{R_s} \right)^{2np} + 1 \right] \gamma_{s1}(n, v), \quad K^{33} = \frac{v}{\alpha_r} \left[\left(\frac{R_i}{R_r} \right)^{\frac{2pv}{\alpha_r}} + 1 \right],$$

$$K^{41} = (-1)^n n \left[\left(\frac{R_r}{R_s} \right)^{2np} + 1 \right] \gamma_{c1}(n, v),$$

$$k^{42} = (-1)^{n+1} n \left[\left(\frac{R_r}{R_s} \right)^{2np} + 1 \right] \gamma_{s1}(n, v), \quad K^{44} = \frac{v}{\alpha_r} \left[\left(\frac{R_i}{R_r} \right)^{\frac{2pv}{\alpha_r}} + 1 \right],$$

$$b^w = [\hat{b}_1^w \hat{b}_2^w \cdots \hat{b}_N^w]^{\mathrm{T}},$$

$$\boldsymbol{d}^w = [\,\hat{d}_1^w \hat{d}_2^w \cdots \hat{d}_N^w\,]^\mathrm{T}, \quad \boldsymbol{a}^{a2,0} = [\,\hat{a}_1^{a2,0} \hat{a}_2^{a2,0} \cdots \hat{a}_N^{a2,0}\,]^\mathrm{T},$$

$$\boldsymbol{a}^{a2,1} = [\,\hat{a}_1^{a2,1} \hat{a}_2^{a2,1} \cdots \hat{a}_N^{a2,1}\,]^\mathrm{T},$$

$$P^1 = 2n\left[\zeta_{n1}^s\left(\frac{R_r}{R_s}\right)^{np-1} - \frac{\zeta_{n2}^s + \zeta_{n3}^s}{2}\left(\frac{R_r}{R_a}\right)^{n-1} + \frac{\zeta_{n2}^s - \zeta_{n3}^s}{2}\left(\frac{R_a}{R_r}\right)^{n+1}\right], \quad P^2 = 0,$$

$$P^3 = \sum_{n=1}^{\infty} n\left\{\left[\zeta_{n1}^s\left(\frac{R_r}{R_s}\right)^{np-1} - \frac{\zeta_{n2}^s + \zeta_{n3}^s}{2}\left(\frac{R_r}{R_s}\right)^{n-1} - \frac{\zeta_{n2}^s - \zeta_{n3}^s}{2}\left(\frac{R_a}{R_r}\right)^{n+1}\right]\gamma_{c2}(n, v) - \right.$$
$$\left.\left[\zeta_{n1}^c\left(\frac{R_r}{R_s}\right)^{n-1} - \frac{\zeta_{n2}^c + \zeta_{n3}^c}{2}\left(\frac{R_r}{R_a}\right)^{n-1} - \frac{\zeta_{n2}^c - \zeta_{n3}^c}{2}\left(\frac{R_a}{R_r}\right)^{n+1}\right]\gamma_{s2}(n, v)\right\},$$

$$P^4 = \sum_{n=1}^{\infty} n(-1)^n\left\{\left[\zeta_{n1}^s\left(\frac{R_r}{R_s}\right)^{n-1} - \frac{\zeta_{n2}^s + \zeta_{n3}^s}{2}\left(\frac{R_r}{R_a}\right)^{n-1} - \frac{\zeta_{n2}^s - \zeta_{n3}^s}{2}\left(\frac{R_a}{R_r}\right)^{n+1}\right]\gamma_{c2}(n, v) - \right.$$
$$\left.\left[\zeta_{n1}^c\left(\frac{R_r}{R_s}\right)^{n-1} - \frac{\zeta_{n2}^c + \zeta_{n3}^c}{2}\left(\frac{R_r}{R_a}\right)^{n-1} - \frac{\zeta_{n2}^c - \zeta_{n3}^c}{2}\left(\frac{R_a}{R_r}\right)^{n+1}\right]\gamma_{s2}(n, v)\right\}.$$

式中：$\varepsilon_s(n, v)$、$\varepsilon_c(n, v)$、$\gamma_{s1}(n, v)$、$\gamma_{s2}(n, v)$、$\gamma_{c1}(n, v)$、$\gamma_{c2}(n, v)$ 可以参考文献 [28]。

5. 磁通密度

根据磁矢位的计算结果，分别求出径向磁通密度和切向磁通密度为

$$B_r(r, \theta) = \frac{1}{r}\frac{\partial A_z}{\partial \theta}, \quad B_t(r, \theta) = -\frac{\partial A_z}{\partial r} \tag{2.68}$$

以气隙区（区域 II ）的磁通密度为例，给出了磁通密度的径向分量

$$B_r^{a1}(r, \theta) = \sum_{n=1}^{\infty} n\left\{\hat{b}_n^w p\left[\left(\frac{R_r}{R_s}\right)^{np+1}\left(\frac{r}{R_s}\right)^{np-1} + \left(\frac{R_r}{r}\right)^{np+1}\right]\cos(np\theta) - \right.$$
$$\left.\left[\zeta_{n1}^s\left(\frac{r}{R_s}\right)^{n-1} - \frac{\zeta_{n2}^s + \zeta_{n3}^s}{2}\left(\frac{r}{R_a}\right)^{n-1} - \frac{\zeta_{n2}^s - \zeta_{n3}^s}{2}\left(\frac{R_a}{r}\right)^{n+1}\right]\cos(n\theta)\right\} - $$
$$n\left\{\hat{d}_n^w p\left[\left(\frac{R_r}{R_s}\right)^{np+1}\left(\frac{r}{R_s}\right)^{np-1} + \left(\frac{R_r}{r}\right)^{np+1}\right]\sin(np\theta) - \right.$$
$$\left.\left[\zeta_{n1}^c\left(\frac{r}{R_s}\right)^{n-1} - \frac{\zeta_{n2}^c + \zeta_{n3}^c}{2}\left(\frac{r}{R_a}\right)^{n-1} - \frac{\zeta_{n2}^c - \zeta_{n3}^c}{2}\left(\frac{R_a}{r}\right)^{n+1}\right]\sin(n\theta)\right\}$$

$$\tag{2.69}$$

类似地，磁通密度的切向分量可表示为

$$
\begin{aligned}
B_t^{a1}(r,\theta) = & -\sum_{n=1}^{\infty} n\left\{ \hat{b}_n^w p\left[\left(\frac{R_r}{R_s}\right)^{np+1}\left(\frac{r}{R_s}\right)^{np-1} - \left(\frac{R_r}{r}\right)^{np+1}\right]\sin(np\theta) - \left[\zeta_{n1}^s\left(\frac{r}{R_s}\right)^{n-1} - \right.\right. \\
& \left. \frac{\zeta_{n2}^s + \zeta_{n3}^s}{2}\left(\frac{r}{R_a}\right)^{n-1} \zeta_{n1}^s\left(\frac{r}{R_s}\right)^{n-1} + \frac{\zeta_{n2}^s - \zeta_{n3}^s}{2}\left(\frac{R_a}{r}\right)^{n+1}\right]\sin(n\theta)\right\} + \\
& n\left\{\hat{d}_n^w p\left[\left(\frac{R_r}{R_s}\right)^{np+1}\left(\frac{r}{R_s}\right)^{np-1} - \left(\frac{R_r}{r}\right)^{np+1}\right]\cos(np\theta) - \left[\zeta_{n1}^c\left(\frac{r}{R_s}\right)^{n-1} - \right.\right. \\
& \left.\left. \frac{\zeta_{n2}^c + \zeta_{n3}^c}{2}\left(\frac{r}{R_a}\right)^{n-1} + \frac{\zeta_{n2}^c - \zeta_{n3}^c}{2}\left(\frac{R_a}{r}\right)^{n+1}\right]\cos(n\theta)\right\}
\end{aligned} \tag{2.70}
$$

6. 磁饱和特性补偿

由于定子与转子重叠位置的饱和，会对气隙内的磁通密度产生很大的影响。本书利用不同转子位置下的不同非线性 $B-H$ 特性来考虑饱和效应。在定子与转子的对中位置，由非线性 $B-H$ 特性导出的饱和效应可用以下公式来补偿：

$$
B_r^{a*} = \left(\frac{B_{\text{sat}}}{B_{\text{sat}} + B_r^a} + \frac{\mu_0}{\mu}\right)B_r^a \tag{2.71}
$$

式中：B_{sat} 为定子和转子铁芯中磁通密度的饱和值；B_r^a 为由子域法计算的磁通密度。在定、转子凸极的非对齐位置，有 $B_r^{a*} = B_r^a$。从以往的分析模型可以看出，B_r^a 是线性的。为了补偿磁饱和的影响，可以采用式（2.71）。

然后，任何其他转子位置的磁通密度可确定如下：

$$
B_r^n(\theta, i) = \lambda(n)B_r^{a*} + [1 - \lambda(n)]B_r^a \tag{2.72}
$$

$$
\lambda(n) = \begin{cases} 1 - \dfrac{n\pi}{Np\beta_r}, & n \in \left[0, \dfrac{Np\beta_r}{\pi}\right] \\[4mm] 0, & n \in \left[\dfrac{Np\beta_r}{\pi}, N\right] \end{cases} \tag{2.73}
$$

式中：N 为在开关磁阻电机定、转子凸极对齐位置、非对齐位置之间选定的任意角度个数；β_r 为转子凸极极弧系数；θ 为转子位置角，这样，任意角度位置的磁通密度可以通过式（2.72）插值进行确定；$\lambda(n)$ 为权重系数，与转子位置有关，靠近凸极重合位置时凸极效应会比较明显，权重系数偏大。

图2.9 显示了不同转子位置下 $B-H$ 特性的不同补偿曲线。

■ 2.4.2　算例与有限元验证

为了验证解析模型的有效性，下面以一个三相6/4极开关磁阻电机为例。

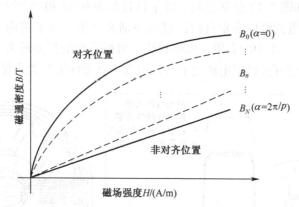

图 2.9 不同转子位置对应的磁化特性

表 2.1 列出了算例开关磁阻电机的主要参数。模型中，电机铁芯的相对磁导率 μ = 5000。

表 2.1 样机主要参数

参数	数值	参数	数值
定子轭半径/mm	52	转子极弧系数/rad	0.72
转子轭半径/mm	24	定子极弧系数/rad	0.59
转子外半径/mm	32	气隙长度/mm	0.30

通过电机电磁场有限元分析，分别计算了具有线性和非线性磁导率的、径向、切向的磁通密度，如图 2.10 所示。考虑饱和特性后，最大磁通密度由 2.83 T 下降到 2.05 T。

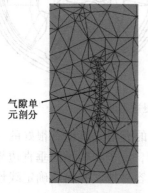

（a）气隙附近单元剖分

（b）线性状态下的磁通密度

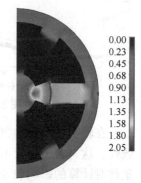

（c）饱和非线性下的磁通密度

图 2.10 气隙附近单元剖分

图 2.11 和图 2.12 分别说明了转子位置角为 0° 和 30° 时的径向磁通密度，图中，磁通密度的峰值表示气隙区域的磁通密度值。由于磁饱和对转子位置的影响，与图 2.11 中的有限元模型相比，解析模型的误差较大。这种误差的产生主要取决于开关磁阻电机定子凸极附近垂直方向第二类边界条件的影响。

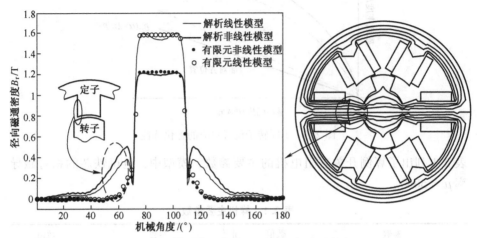

图 2.11　转子位置角为 0° 时的径向磁通密度

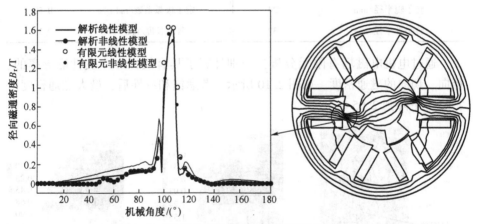

图 2.12　转子位置角为 30° 时的径向磁通密度

在转子位置角为 30° 时，解析模型与图 2.12 中的有限元模型有很好的一致性，这与转子位置不对齐是一致的。图 2.12 表明，定子和转子的垂直边界条件对计算的影响较小。同时还可以看出，可以很容易地、准确地确定线性解析，而在饱和影响下很难确定磁通密度。

综上所述，基于本章所建立的开关磁阻电机内部气隙磁场解析模型，考虑了饱和效应。通过与有限元法的比较，验证了结合电机铁芯硅钢片材料的

非线性 B-H 特性的子域法考虑开关磁阻电机磁饱和的有效性。与有限元法相比，该解析模型可节省大量的计算时间。而且解析模型可以给出参数间的显式关系，可更加清晰地了解参数间的影响特性。所得结果可用于考虑非线性和饱和特性的参数优化研究。值得注意的是，在饱和区域（对齐位置）中，定子和转了的垂直方向的边界条件对解析计算有很大的影响。这个问题值得在今后的研究中进一步讨论。

2.5　开关磁阻电机径向电磁力解析建模

　　开关磁阻电机定子圆周径向力、转矩脉动较大，使得电机运行时的振动和噪声较为突出。据统计，开关磁阻电机的电磁噪声约占电机总体噪声的 95%[29-31]，这个问题在很大程度上限制了开关磁阻电机的推广应用，成了开关磁阻电机亟待解决的问题，因此建立准确的开关磁阻电机径向力的解析模型也是预测和控制电机振动与噪声的理论基础。为了提高其运行性能和扩大其应用领域，噪声的预测与控制也是其必须解决的关键问题之一，因此，首先要推导开关磁阻电机径向力的解析模型。

　　在实际中，开关磁阻电机的径向力存在着高度的非线性，它是转子位置角和相电流的非线性函数，电磁转矩和径向力之间也存在耦合关系，再加上实际运行中的磁饱和问题，这使得很难为开关磁阻电机建立一个简单统一的解析模型。文献［32］将麦克斯韦张量法和磁路分析法结合起来，假设定、转子极宽相等，并将主气隙和边缘气隙通过经典的材料磁化曲线拟合公式求取主气隙磁场强度和边缘气隙磁场强度，建立了无轴承开关磁阻电机的径向力模型。文献［33］采用磁饱和矫正公式求取磁饱和，这对径向力计算的精度与模型的通用性都有待提高。文献［34］对定、转子实际宽度与定转子等宽时做了对比分析，当定、转子极宽差从 0 增大到 3 mm 时径向力增加了 20% 左右，故文献［32-33］的模型精度及通用性都有待进一步提高。文献［35］采用有限元分析法，获得一套考虑磁饱和的数学模型，但基于有限元分析法影响了计算的快速性。以上相关文献都是以无轴承开关磁阻电机为研究对象，而目前关于开关磁阻电机非线性径向力的相关研究主要采用有限元法分析计算，如文献［36］，而解析建模的相关方面还有待进一步研究。

　　本节基于麦克斯韦张量法和磁路法，在考虑磁饱和与开关磁阻电机实际定、转子极弧不等宽的前提下，推导建立一套能直接应用于开关磁阻电机定、转子极弧相等与不相等两种情况下的径向力的通用解析模型。该模型符合实际开关磁阻电机结构及运行特点，为开关磁阻电机结构优化设计、电磁振动和噪声的预测与控制提供了理论依据。以一台样机为例，将本书解析模型的计算结果与有限元分析结果进行了对比，验证了所建解析模型的有效性。

■ 2.5.1 基于 Maxwell 应力法建模

开关磁阻电机定、转子凸极间电磁力的关系如图 2.13 所示。在进行解析建模之前，先做如下假设：①忽略漏磁通，忽略定子交链转子槽底的磁通；②定、转子交叠时边缘磁通路径为圆形轨迹；③铁芯材料的磁饱和点仅与其材料属性有关，和电机定、转子磁极位置无关；④转子转角规定为顺时针为正，基点为定、转子磁极对中位置；⑤忽略转子安装偏心产生的偏移力；⑥忽略定子、转子轭的磁阻。

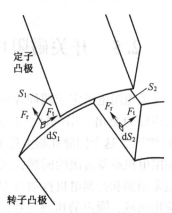

图 2.13 开关磁阻电机定、转子凸极间电磁力的关系

Maxwell 应力法将给定体积 V 的磁质内的合力和力矩等效为包围 V 表面的 S 面上各张力的合力。其法向力 F_n 和切向力 F_t 的计算公式可分别表示为

$$F_n = \frac{1}{2\mu_0} \iint_S (B_n^2 - B_t^2) \, \mathrm{d}A \tag{2.74}$$

$$F_t = \frac{1}{2\mu_0} \iint_S (B_n B_t) \, \mathrm{d}A \tag{2.75}$$

根据图 2.14 所示的积分路径求取开关磁阻电机的径向磁拉力，则定子磁极所受的径向力就可表示为

$$F_r = \frac{L}{2\mu_0} \left(\int_1^2 B_{f1}^2 \, \mathrm{d}l + \int_2^3 B_m^2 \, \mathrm{d}l + \int_4^5 B_m^2 \, \mathrm{d}l + \int_5^6 B_{f2}^2 \, \mathrm{d}l \right)$$

$$= \frac{L}{2\mu_0} [B_{f1}^2 l_{12} + B_m^2 (l_{23} + l_{45}) + B_{f2}^2 l_{56}] \tag{2.76}$$

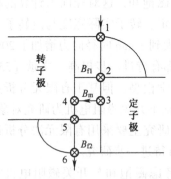

图 2.14 径向力积分路径图

式中：L 为转子叠片长度；μ_0 为空气磁导率；B_m 为主气隙；B_{f1} 和 B_{f2} 为边缘气隙磁密。

■ 2.5.2　磁通密度与径向力电磁力的计算

求取式（2.76）中定子磁极所受的径向力最关键的是精确求取气隙的磁密。只要求得主气隙和边缘气隙的磁密，定子径向电磁力也就能相应地求解出来。以下采用磁路法计算考虑饱和的气隙磁通密度和定、转子极实际极弧宽度来对 8/6 极结构的开关磁阻电机样机求取其气隙磁通密度。本节的气隙磁通密度可以参照 2.2.2 节所述磁路建模方法。

在求取径向力前，由于考虑了定、转子极宽的影响，根据转子位置不同，存在 $\theta \in [0, \beta]$ 和 $\theta \in (\beta, \beta_r - \beta]$ 两种情况，故图 2.14 中各分段的积分路径分别为

当 $\theta \in [0, \beta]$ 时

$$l_{12} = r(\beta - \theta) \tag{2.77}$$

$$l_{23} + l_{45} = r\beta_s \tag{2.78}$$

$$l_{56} = r(\beta + \theta) \tag{2.79}$$

$$l_{34} = l_g \tag{2.80}$$

当 $\theta \in (\beta, \beta_r - \beta]$ 时

$$l_{12} = (\beta_s + \beta + \theta - \beta_r)r \tag{2.81}$$

$$l_{23} + l_{45} = (\beta_r - \beta - \theta)r \tag{2.82}$$

$$l_{56} = (\beta + \theta)r \tag{2.83}$$

$$l_{34} = l_g \tag{2.84}$$

将式（2.77）~式（2.80）代入式（2.76）中，可求得 $\theta \in [0, \beta]$ 时，定子极所受到的径向力的表达式，即

$$F_r = \frac{\mu_0 L}{2}\left[r\beta_s \left(\frac{-b - \sqrt{b^2 - 4ac}}{2a}\right)^2 + 2r\beta \left(\frac{-b_0 - \sqrt{b_0^2 - 4a_0c_0}}{2a_0}\right)^2 \right] \tag{2.85}$$

同理，通过公式整理可以求得当 $\theta \in (\beta, \beta_r - \beta]$ 时，定子极所受到的径向力的表达式，即

$$F_r = \frac{\mu_0 L}{2}\left[\left(\frac{-b - \sqrt{b^2 - 4ac}}{2a}\right)^2 (\beta_r - \beta - \theta)r + \left(\frac{-b_0 - \sqrt{b_0^2 - 4a_0c_0}}{2a_0}\right)^2 (\beta_s + 2\beta + 2\theta - \beta_r)r \right] \tag{2.86}$$

■ 2.5.3　有限元数值分析验证

为了验证解析模型的有效性，本书对 8/6 实验室样机的径向力特性采用

有限元法做了仿真分析并与本书所建立的解析模型进行对比，电机样机如图 2.15 所示，其结构参数见表 2.2。定、转子铁芯材料均为 DR510-50 硅钢片，其饱和磁密为 1.85 T，相对磁导率为 6 000。

接线盒

电机外壳及散热筋

定子

绕组

轴及其轴承

转子

图 2.15　实验室开关磁阻电机样机

表 2.2　样机的结构参数

参数	数　值	参数	数　值
定子外径 D_s/mm	210	转子轴径 D_i/mm	50
转子外径 D_a/mm	115	定子轭高 h_{cs}/mm	13.72
铁芯叠长/L/mm	138	转子轭高/h_{cr}/mm	14.90
气隙长度 l_g/mm	0.4	定子槽深 d_s/mm	34.6
定子极弧 β_s/rad	0.366	绕组匝数 N_t	117
转子极弧 β_t/rad	0.401	额定功率 P_n/kW	8

　　图 2.16 所示为开关磁阻电机三维电磁分析有限元模型。图 2.17~图 2.19 所示为所建解析模型计算结果和有限元分析结果在不同相电流下径向力与转子位置角关系曲线。

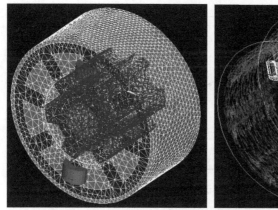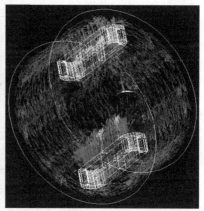

图 2.16　开关磁阻电机三维电磁分析有限元模型

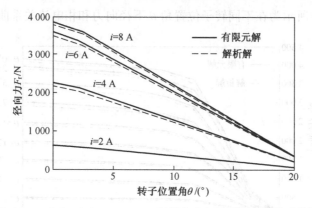

图 2.17　i＝2 A、4 A、6 A、8 A 时径向力与转子位置角关系曲线

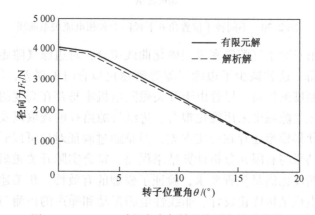

图 2.18　i＝14 A 时径向力与转子位置角关系曲线

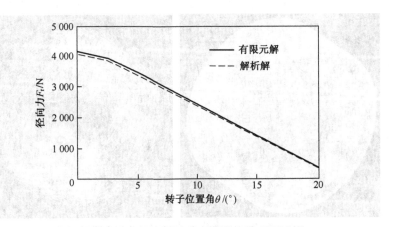

图 2.19　$i=18$ A 时径向力与转子位置角关系曲线

图 2.20 所示为在不同转子位置角 θ 下径向力和相电流关系曲线。

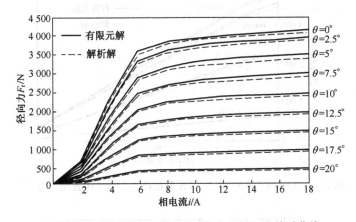

图 2.20　不同转子位置角 θ 下径向力和相电流关系曲线

　　由于本书只对主气隙磁密采用磁化曲线拟合，对边缘气隙磁密采用磁通守恒推导求得，这就减少了边缘气隙磁密磁化拟合时的误差，简化了模型，有利于模型精度的提高。尽管由于开关磁阻电机本身存在高度的非线性及高耦合关系，主气隙磁密采用磁化拟合、边缘气隙路径的选取以及积分路径的选取等因素使得模型还存在一定误差，但是通过验证对比可以看到，所建解析模型计算结果与有限元分析计算结果误差，符合实际开关磁阻电机结构及运行特点，精度也满足工程要求，验证了模型的有效性。相关建模方法为以后开关磁阻电机结构优化设计、非线性电磁振动和噪声的预测与控制提供了理论参考。

2.6 本 章 小 结

本章重点研究了开关磁阻电机电磁场建模方法，包括电磁场有限元数值分析方法、磁路法建模、基于分区域的子域法建模、径向电磁力建模等，本部分建模将为后续开关磁阻电机结构优化设计、非线性电磁振动和噪声的预测与控制提供理论依据与参考。

第 3 章

基于 ANSYS 的开关磁阻电机电磁力学特性分析

　　开关磁阻电机的电磁力学特性是其动态系统仿真、控制与优化问题的研究基础。对开关磁阻电机的静态电磁力学特性进行计算和分析，也可以更细致地了解开关磁阻电机的运行机理，是进一步解决有关电机相关问题的重要依据。通过有限元方法计算开关磁阻电机的各类电磁特性已经具有足够的工程精度。本章重点阐述基于有限元多物理场耦合分析软件 ANSYS 获得开关磁阻电机的各种电磁力学特性，如不同转子位置的电磁转矩、径向力以及三维振动模态、振型等数据，并对开关磁阻电机的相关特性规律进行分析。

3.1　ANSYS 软件环境概述

　　ANSYS 软件是目前应用最为广泛、使用最方便的通用有限元分析软件之一，图 3.1 所示为 ANSYS 14.5 版本界面。该软件融合结构、热、电磁、流体、温度场、声学分析于一体，能进行多物理场耦合计算，并具有极为强大的前、后处理功能。ANSYS 程序使用统一的集中式数据库来存储所有模型数据及求解结果。数据一旦通过某一处理器写入数据库中，如需要即可为其他处理器所用。例如，通过后处理器不仅能读求解数据，而且能读模型数据，然后利用它们进行后处理计算。ANSYS 提供的 ANSYS 参数设计语言（APDL）允许复杂的数据输入，使用户实际上对任何设计或分析属性有控制权，同时也为基于 ANSYS 的二次开发提供广阔的空间。APDL 扩展了传统有限元分析范围之外的能力，并扩充了更高级运算，包括灵敏度研究、零件库参数化建模、设计修改及设计优化。

　　ANSYS 可通过 ANSYS 数据接口程序与 CAD 软件共享数据，用户可精确地将在 CAD 系统下生成的几何数据传入 ANSYS，而后准确地在该模型上进行网格剖分并求解，这样用户可方便地分析新产品和部件，而不必为在分析系

图 3.1　ANSYS 14.5 版本界面

统中重新建模而耗时耗力，同时还可以利用 ANSYS 程序的高级功能通过良好的用户界面完成分析计算。

　　ANSYS 软件的分析功能包括线性和非线性分析、结构分析、热分析、电场分析、电磁场分析、流体流动分析、耦合场分析。在电磁场应用方面，包括静态磁场分析、谐波磁场分析和瞬态磁场分析，利用 ANSYS/Emag 或 ANSYS/Multipysics 模块中的电磁场分析功能可分析计算各种设备中的电磁场，如发电机、变压器、螺线管传动器、电动机、磁悬浮装置、回旋加速器、开关以及滤波器等。在一般的电磁场分析计算中还可以计算出典型的物理量，如电感、磁场强度、阻抗、磁通量密度、涡流、电场分布、磁力线、磁力、磁矩、磁漏和能量损失等。

　　ANSYS 磁场分析的有限元公式由磁场的 Maxwell 方程组导出，通过将标量磁位 ψ、矢量磁位 A 或边界通量引入 Maxwell 方程组中并考虑其电磁性质关系，用户可以开发出适合于有限元分析的方程组。ANSYS 将模型信息（单元、节点、材料等）、边界信息（载荷、约束等）以及后处理信息（求解结果等）集成在一个数据库中，这些功能增强了程序的电磁分析能力和灵活性。此外，ANSYS 程序提供了丰富的线性和非线性材料的表达方式，可以实现参数化建模功能，方便数据输入和调整。APDL 命令流和模块化宏文件的设置，使程序更加简洁、通用，因此很容易应用到多种类型电机的分析中。

　　具体到开关磁阻电机设计上，ANSYS 软件内部包括各向同性或正交各向异性的非线性磁导率，材料的 $B-H$ 磁化曲线，对于解决开关磁阻电机这类具有复杂媒质边界、多种材料特性且铁磁材料呈现高度非线性的电磁场问题非常适合。开关磁阻电机结构的特殊性要求在不同转子位置时分别对电磁场进行计算，然后通过后处理电磁场的计算数据求出开关磁阻电机 $\psi-\theta-i$ 特性曲线族，应用 ANSYS 软件来分析电机电磁场是非常有效的。ANSYS 软件有程序自带的 APDL 命令流，通过 APDL 命令流的编写与修改可以实现开关磁阻电机定、转子之间的自动旋转、自动网格剖分、自动施加载荷以及自动求解的功能。整个电磁场分析过程无须人工进行干预，使用方便，便于修改，并且能够大大提高计算速度（附录 B 中给出了详细的开关磁阻电机电磁分析的 APDL 程序）。

ANSYS 程序中已经将分析过程中所需要的求解算法编制成相应的宏文件，通过对宏文件进行定义、调用或适当的修改，可以实现开关磁阻电机建模、网格剖分、求解和后处理任务的自动执行，方便 ANSYS 程序调用，有利于实现电机分析的模块化、通用化。例如，开关磁阻电机计算程序中的电感计算宏（LMATRIX）和电磁转矩计算宏（TORQSUM）可以被程序调用后自动进行绕组电感、磁链和静态电磁转矩的计算。

3.2　开关磁阻电机非线性电磁场计算

开关磁阻电机的非线性电磁特性主要体现在材料非线性和几何非线性两方面。

（1）材料非线性指电机的定、转子硅钢片材料磁导率（B–H 磁化曲线）的非线性。

（2）几何非线性包括：① 电机的定、转子由于受到切向与径向电磁力的作用会产生大变形响应；② 对电机加载后产生大转动响应（转子位置角）。暂且忽略几何非线性中的大变形，只考虑电机材料非线性和转子位置角的影响。

以一台 8 kW、四相 8/6 极开关磁阻电机为例进行二维有限元建模、计算及动态系统控制仿真。将有限元计算应用到样机的电磁场分析和计算上，通过后处理得出开关磁阻电机电磁场的非线性电磁数据及拟合曲线。

■ 3.2.1　开关磁阻电机几何结构建模

1. 参数化建模

首先依据样机的结构尺寸及参数在 ANSYS 环境下建立开关磁阻电机的几何模型。利用 APDL 命令流对电机的结构尺寸变量进行编程，可以方便地实现模型的参数化。通过修整参数化命令流，形成参数化输入命令文件。开关磁阻电机主要结构尺寸参数的数据输入窗口如图 3.2 所示。将电机的主要尺寸参数进行参数化编程，可以方便地进行电机参数的修改和调整，如对定子外径、转子外径、极间气隙大小、电机轴径、定子轭高、转子轭高、定子极弧系数、转子极弧系数以及转子旋转变量等参数进行调整、修改，从而可以应用于同类但不同型号电机的设计，实现应用程序的通用化。

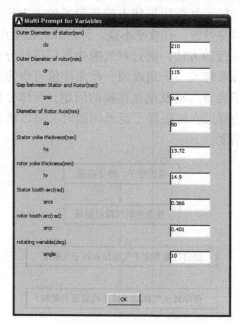

图 3.2 开关磁阻电机主要参数数据输入窗口

2. APDL 命令流

开关磁阻电机不像传统交、直流电机那样只需要一条磁化曲线 $\psi = f(i)$ 来分析电机性能，必须对开关磁阻电机定、转子在不同位置时分别进行计算，然后通过电磁场的计算数据求出开关磁阻电机 $\psi-\theta-i$ 特性曲线族。应用 ANSYS 软件来分析电机电磁场是非常有效的，但是当采用 ANSYS 软件的图形用户界面（GUI）操作方式时，每次定、转子之间的旋转、网格剖分、施加载荷进行求解、查看计算结果等都需要人工进行重复操作，使用起来非常烦琐，并且效率低。为此，本书采用 APDL 命令流编写的程序对开关磁阻电机进行分析，实现了电机定、转子之间的自动旋转、自动网格剖分、自动施加载荷以及自动求解的功能。整个电磁场分析过程无须人工进行干预，使用方便，便于修改，实现应用程序的自动化，并且大大提高了计算速度。

3. 循环求解过程中的转子旋转运动问题

由于开关磁阻电机非线性静态特性求解的特殊性，需要获得电机不同转子位置、不同电流载荷下的磁链和静态转矩值，因此转子的运动旋转问题是循环建模、求解的重要方面。在有限元几何模型中，模型的各元素，如体、面、线、点是相互关联的。在旋转转子时，气隙上的点同时附属于定子和转子的气隙边界线。因此，要解决转子运动问题，现有方法是在转子上设置动坐标系，然后对定、转子气隙边界线上的点设置约束方程，这种方法实现较困难，约束方程不容易设置，且效率不高。针对开关磁阻电机问题的特殊性，本书提出一种简便可行的方法：通过对气隙边界层进行分割，然后删除约束层将转子随旋转坐标系转动一个角度值，此角度值可作为旋转角度变量进行设置，从而解决转子旋转运动及重复建模的问题。具体分析流程如图 3.3 所示，通过分割气隙边界层在解决转子运动问题时又可以增加气隙层的网格剖分密度，提高计算精度。

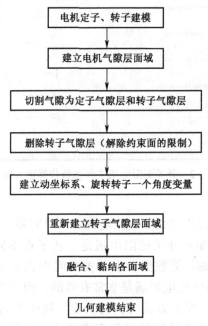

图 3.3　转子运动问题分析流程

■ 3.2.2　电机材料属性定义

电机结构通常比较复杂，且内部由多种不同材料构成。在有限元求解过程中为了考虑实际材料特性的影响，需要对不同电机几何面域分配相应的材料属性。

（1）电机定子、转子铁芯冲片：$B-H$ 磁化特性曲线，如图 3.4 所示。

（2）气隙和绕组区域：相对磁导率 μ_r（MURX）＝ 1.0。

（3）电机轴：10 号钢。

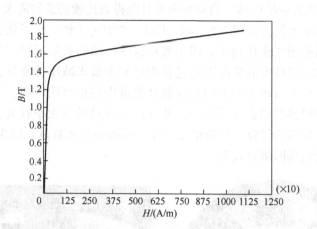

图 3.4　电机定、转子铁芯硅钢片材料磁化特性 B–H 曲线

　　将上述定义的材料属性分别赋给对应的电机几何面域，如图 3.5 所示，最后通过 GLUE 命令将具有特定属性的各面域融合到一起，以使各结构边界融合、黏结为一整体，使第二类边界条件得到满足。

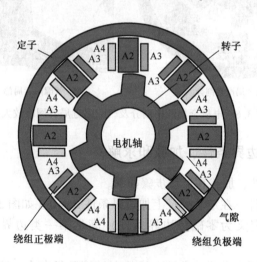

图 3.5　开关磁阻电机材料属性分配

■ 3.2.3　有限单元网格剖分

　　网格剖分是有限元计算过程中重要的一步，它直接影响计算的精度。网

格剖分得越密，求解精度就越高，但是耗费的机时也相对越多。ANSYS 提供了智能网格剖分工具 Mesh-Tool，可以自动地对网格剖分进行控制，在气隙处（磁通密度 B 比较强的区域）自动加密并且能得到比较满意的需求精度。本书采用的三角形单元剖分如图 3.6（a）所示。图中定子轭、转子轭、电机轴以及绕组区域的磁场变化比较小，用于表示这些区域的有限元尺寸都较大，目的是在不影响计算精度的情况下通过较少单元个数来减小计算量，节省计算时间。而定子凸极与转子凸极间的气隙是电机中最重要的区域，整个电机磁场的大部分能量都存储在气隙部分，并且这部分磁场变化率较大，为了提高计算精度就必须减小气隙区域的单元尺寸，即增加单元数量。图 3.6（b）所示为气隙附近局部网格放大图。

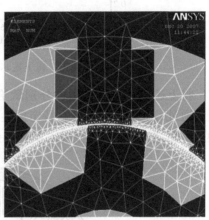

（a）电机全局网格剖分　　　　　（b）气隙附近局部网格放大图

图 3.6　电机全局网格剖分及气隙附近局部网格放大图

■ 3.2.4　设置边界条件、加载和求解

设置边界条件、加载和求解步骤如下。

（1）边界条件。在定子外径上加边界条件 $A_z=0$（如图 3.7 所示电机定子外径边缘的节点定义为零磁势边界条件）满足第一类边界条件即齐次边界条件。

（2）力求解标志设置。求解电机静态转矩及径向力、法向力等场量需要将转子定义为求解组件，如图 3.7 所示外边缘线为力的求解标志。

（3）电流载荷。对绕组区域施加电流载荷，如图 3.5 中绕组电流的正负极所示。

ANSYS 提供了三个求解器：波前求解器、有条件共轭梯度（PCG）求解器、雅可比共轭梯度（JCG）求解器。其中对于所求解的二维模型，一般常用波前求解器，另两种较适合于大模型求解。

■ 3.2.5　有限元数据后处理

通过后处理可获得前一阶段求解结果，并对其进行数据整理。ANSYS 提供了强大的后处理功能，如磁力线、等值线、矢量显示、磁力和磁力矩都可以由后处

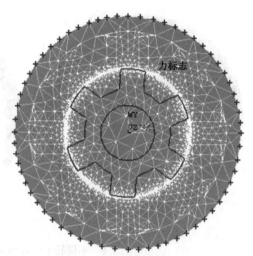

图 3.7　设置边界条件 $A=0$

理或通过计算得到，如图 3.8～图 3.10 所示。图 3.8 显示的是不同转子位置下的磁通分布；图 3.9 显示的是某一转子位置下的磁力线矢量分布；图 3.10 显示的是磁通密度云图。在 ANSYS 中还可以通过通用后处理器（POST1）进行路径操作，即将所需求解的场量映射到某一指定的路径上输出，如图 3.11～图 3.14 所示。

图 3.11 和图 3.12 分别显示的是转子在 10°和 30°位置、气隙圆周路径上的磁感应强度（磁通密度）分布曲线。比较两图可以看出，$\theta=30°$时的磁感应强度最大值（B_{max}）的宽度明显比 $\theta=10°$时的大，说明随着转子与定子凸极

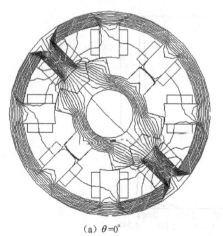 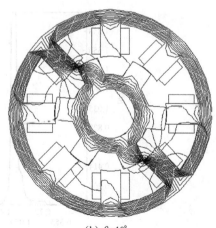

(a) $\theta=0°$　　　　　　　　　　　　(b) $\theta=10°$

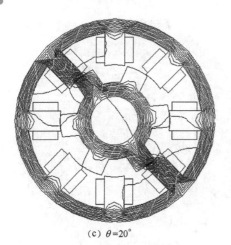

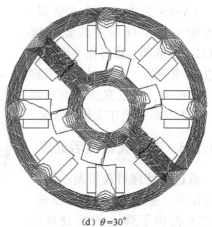

(c) $\theta=20°$　　　　　　　　　　　　　(d) $\theta=30°$

图 3.8　不同转子位置角 θ 下的磁通分布

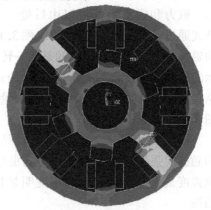

图 3.9　磁力线矢量分布　　　　　　　　图 3.10　磁通密度云图

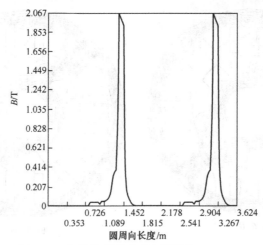

图 3.11　气隙路径的磁感应强度值（$\theta=10°$）

重合的面积的增大，B_{max} 的区域随着变大，但是 B_{max} 基本保持不变。通过计算转子各部分的磁通密度波形有助于对开关磁阻电机进行铁耗分析与计算。图 3.13 和图 3.14 显示的是转子位置 $\theta = 10°$ 时气隙圆周路径上的法向力和径向力的分布曲线。

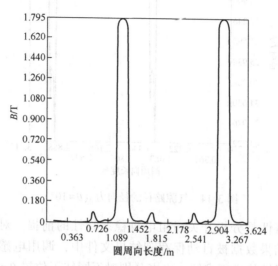

图 3.12　气隙路径的磁感应强度值（$\theta = 30°$）

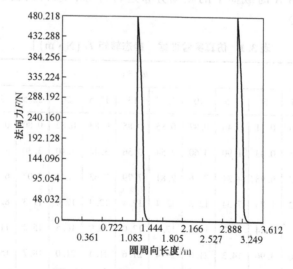

图 3.13　气隙路径的法向力（$\theta = 10°$）

开关磁阻电机磁场计算的精度将影响到其他问题的分析计算（如稳态分析、电机本体优化设计以及系统控制），而电磁转矩特性、磁链特性和电

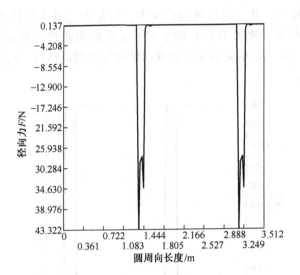

图 3.14　气隙路径的径向力（$\theta = 10°$）

感特性等静态特性是分析开关磁阻电机稳态特性的前提。对开关磁阻电机进行求解后的结果数据被自动保存到结果文件中，调用电感计算宏程序可对相关绕组的磁链值进行求解。本书分别对不同转子位置 $\theta = 0° \sim 30°$，绕组电流为 $i = 2 \sim 18$ A 时载荷下的磁场分布进行计算，求得的仿真实验数据见表 3.1 和表 3.2。

表 3.1　仿真实验数据 [静态转矩 $T/(\text{N} \cdot \text{m})$]

i/A	$\theta/(°)$												
	0	2.5	5	7.5	10	12.5	15	17.5	20	22.5	25	27.5	30
2	0.00	0.04	0.11	0.46	0.87	0.85	0.85	0.83	0.82	0.80	0.77	0.70	0.00
4	0.00	0.15	0.43	1.90	3.60	3.54	3.56	3.48	3.40	3.30	3.15	2.79	0.00
6	0.00	0.35	0.98	4.31	7.76	7.81	7.79	7.63	7.43	7.07	6.10	4.46	0.00
8	0.00	0.62	1.75	7.34	12.2	12.4	12.4	12.3	12.0	11.3	8.71	5.62	0.00
10	0.00	0.87	2.74	10.7	16.6	17.0	17.0	16.9	16.5	15.2	11.9	6.61	0.00
12	0.00	1.40	3.96	14.3	21.0	21.4	21.6	21.4	21.0	18.7	15.0	7.20	0.00
14	0.00	1.92	5.40	18.0	25.1	25.8	26.1	25.9	25.0	22.2	17.4	7.78	0.00
16	0.00	2.51	7.05	21.7	29.4	30.2	30.5	30.2	28.8	25.6	18.6	8.33	0.00
18	0.00	3.17	8.91	25.4	33.6	34.6	34.8	34.5	32.4	29.0	19.7	8.90	0.00

表 3.2　仿真实验数据（磁链 ψ/Wb）

i/A	θ/(°)												
	0	2.5	5	7.5	10	12.5	15	17.5	20	22.5	25	27.5	30
2	0.04	0.05	0.05	0.07	0.10	0.14	0.18	0.22	0.25	0.29	0.32	0.36	0.37
4	0.09	0.09	0.10	0.13	0.20	0.28	0.36	0.43	0.51	0.58	0.65	0.70	0.73
6	0.13	0.14	0.16	0.20	0.27	0.35	0.44	0.54	0.64	0.73	0.80	0.83	0.84
8	0.18	0.19	0.21	0.26	0.32	0.40	0.50	0.60	0.70	0.78	0.85	0.89	0.90
10	0.22	0.23	0.26	0.30	0.37	0.45	0.54	0.64	0.74	0.82	0.88	0.91	0.92
12	0.26	0.27	0.30	0.34	0.41	0.50	0.59	0.68	0.77	0.85	0.91	0.92	0.92
14	0.30	0.31	0.34	0.38	0.45	0.54	0.63	0.72	0.80	0.88	0.92	0.93	0.93
16	0.34	0.35	0.37	0.42	0.49	0.58	0.68	0.75	0.83	0.90	0.92	0.93	0.93
18	0.37	0.38	0.41	0.46	0.53	0.61	0.70	0.78	0.86	0.91	0.93	0.94	0.94

　　将实验所得数据经曲线拟合或图形软件处理，便可得到开关磁阻电机的 $\psi-i-\theta$ 和静态转矩 $T-i-\theta$ 特性曲线族，如图 3.15 和图 3.16 所示。从图 3.15 中可以看出，当开关磁阻电机的定转子凸极未重叠、电流较小时，绕组的磁链值很小；随着电流变大（如 $i=14\sim18$ A 时），磁链值也随之增大，最后磁场达到高度饱和。从图 3.16 中可以看出，转矩是相电流和转子位置角的非线性函数，在定子凸极与转子凸极完全重合的位置转矩值为零，因此应当此位置之前完成激励绕组的换相。

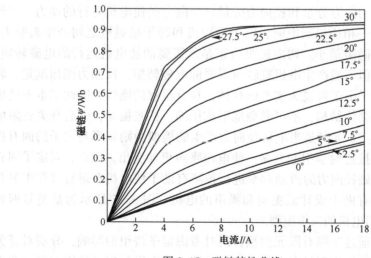

图 3.15　磁链特性曲线

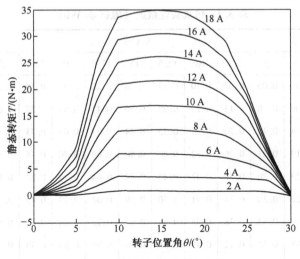

图 3.16　静态转矩特性曲线

3.3　开关磁阻电机径向电磁力学特性与振动分析

　　尽管开关磁阻电机产品已经广泛应用于电动车驱动、家用电器、航空工业和伺服系统等各个领域，但此类电机驱动系统的振动是一个比较突出的问题，其限制了它在高精密驱动领域的应用，严重时会产生强烈的电磁噪声。电磁噪声作为开关磁阻电机的主要噪声，是由开关磁阻电机脉动的电磁力引起的，其分为切向力分量和径向力分量。切向力是使电机运行的动力，当给开关磁阻电机一相绕组通电时，定子励磁极和转子励磁极之间产生磁吸力，力图使磁路的磁阻最小。切向磁吸力正是所需要的使电机运行的电磁转矩。径向磁吸力非但不能产生电机旋转所需要的电磁转矩，反而力图压缩定、转子间气隙。转子由于可视为实心圆柱体，具有足够的刚性，因此基本不受影响；而定子是壳体结构，不可避免地形成压缩、扩张振动，引起开关磁阻电机的振动和噪声。尤其是当电机径向力产生的周期激励频率与定子的固有振动频率一致或接近时会引起共振，使电磁噪声更加突出。因此，对定子固有振动频率和电磁径向力的激励频率进行预测有助于使电机在运行过程中避开共振频率，也有助于设计低振动和噪声的电机。图 3.17 所示为某型号四相8/6极开关磁阻电机的三维模型。

　　本节最后通过三维有限元模型，同时考虑定子绕组的影响，分别对开关磁阻电机定子的振型和径向电磁力进行计算，进而得到定子的固有频率和系

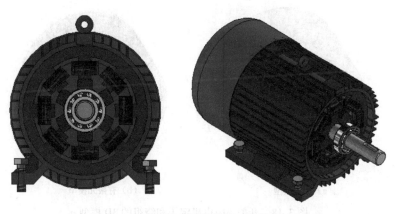

图 3.17　开关磁阻电机的三维模型

统振动模型的周期激励。

■ 3.3.1　开关磁阻电机定子固有频率计算

开关磁阻电机的电磁振动主要是由定子叠片受周期不均衡径向电磁力作用产生形变而引起的。因此，定子固有振动频率的计算对预测和避免发生共振现象是非常重要的，定子的径向振动是开关磁阻电机噪声的主要根源，因此定子振动系统的模态分析是降噪研究的有效手段，而且对定子进行模态分析也可以获得有关避免共振问题的许多重要信息。

目前，理论计算固有频率的方法有两大类：一类是解析解算法，典型的是机电类比法，该方法可以得到固有频率的解析表达式，但是计算精度很差；另一类是能量法，它有两种解法，一种是傅立叶级数解法，另一种是有限元解法。一般情况下，两种解法都不能得到解析解，而只能得到数值解。在定子结构对称时，傅立叶级数的求解精度可满足一般工程上的要求，有限元解法可以考虑定子结构的不规则性，其计算精度较高。图 3.18 所示为开关磁阻电机定子和绕组的三维模型（定子铁芯为硅钢片，绕组的材料为铜）。利用 ANSYS 软件建立开关磁阻电机的 3D 几何模型和有限元分析模型，通过对定子的振动模态进行分析得到各阶固有频率。

基于哈密尔顿（Hamilton）原理，一般振动系统运动方程可以表述为

$$M\ddot{x}(t) + C\dot{x}(t) + Kx(t) = F \tag{3.1}$$

式中：M 为惯性矩阵；C 为阻尼矩阵；K 为结构刚度矩阵；三个系数矩阵分别通过计算单元惯性矩、单元阻尼矩和单元刚度矩得到；F 为非保守广义力列向量。一般无阻尼振动系统的求解方程可以表述为自由振动（$F=0$）的解为：

（a）几何模型　　　　　　　　　　（b）有限元模型

图 3.18　开关磁阻电机定子和绕组的 3D 模型

$$x(t) = \mathrm{e}^{\mathrm{j}\omega t}\boldsymbol{\phi} \tag{3.2}$$

将式（3.2）代入式（3.1），无阻尼自由振动的求解方程为

$$(\boldsymbol{K} - \omega^2\boldsymbol{M})\mathrm{e}^{\mathrm{j}\omega t}\boldsymbol{\phi} = 0 \tag{3.3}$$

式中：ω 为无阻尼固有频率；$\boldsymbol{\phi}$ 为模态向量；特征向量 $\mathrm{e}^{\mathrm{j}\omega t}\boldsymbol{\phi}$ 表示为第 n 阶模态的角频率。若使式（3.3）存在非零解，必须有

$$|\boldsymbol{K} - \omega^2\boldsymbol{M}| = 0 \tag{3.4}$$

通过求解方程式（3.3）和式（3.4）可以得到定子的各阶固有频率和相应的模态向量。

定子受到的径向电磁力是引起开关磁阻电机振动与噪声的主要根源，因此，定子模态分析是研究低噪声电机的一种十分有效的方法和途径。以四相 8/6 极开关磁阻电机定子为例进行三维模态分析。图 3.19 所示为考虑定子绕组后的各阶模态分别为 $m = 2$、3、4、5、6 的振型和固有频率，各部分的材料属性见表 3.3。

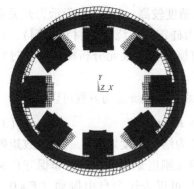

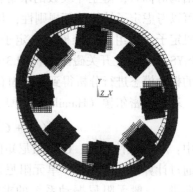

（a）1 020.62 Hz，$m=2$

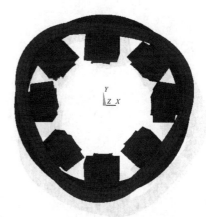

（b）1 965.9 Hz,*m*=3

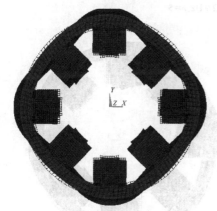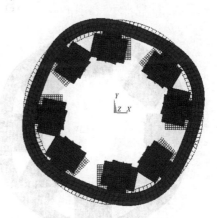

（c）2 614.6 Hz,*m*=4

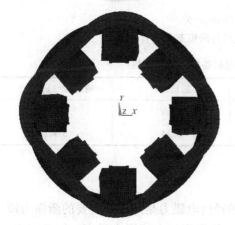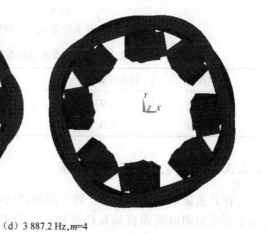

（d）3 887.2 Hz,*m*=4

（e）4 312.9 Hz，$m=5$

（f）5 123.5 Hz，$m=6$

图 3.19　开关磁阻电机各阶模态和固有频率

表 3.3　开关磁阻电机各部件材料属性

部件	杨氏模量 $E/(N/m^2)$	泊松比 ν	密度 $\rho/(kg/m^3)$
定子铁芯	2.07×10^{11}	0.30	7 800
定子绕组	1.00×10^{11}	0.34	5 942

▌3.3.2　径向力的有限元分析

在开关磁阻电机中，定、转子间的径向电磁力是系统最主要的激振力源。由于开关磁阻电机固有的双凸极结构，使得绕组电流通电后定、转子间产生强大的不均衡径向电磁力。研究表明，定子振动的强弱与定子受力后的变形率呈正比关系。因此，准确对开关磁阻电机定转子间的径向力进行预测和施加有效的控制有利于减小电机的振动与噪声。

电磁径向力 F_r 可以表示为以下非线性函数：

$$F_r(\theta, l_g, t) = \frac{1}{2}i(t)^2 \frac{L[\theta(t), l_g, i(t)]}{l_g} \qquad (3.5)$$

式中：θ 为转子位置角；l_g 为开关磁阻电机定子与转子对齐位置时的最小气隙长度；L 为绕组的自感强度；i 为绕组电流。非均匀径向电磁力的存在会导致定子呈现不同的振动模态，因此，径向力的计算对振动分析有重要的作用。

计算电磁力的方法有麦克斯韦应力法、等效源法节点力法以及虚位移法。

麦克斯韦应力法是根据高斯定理将一个体积分的计算简化为一个面积分的计算，即将麦克斯韦应力张量对包围研究物体的任意一个闭合曲面进行积分，求得作用在这个物体上的电磁力。根据电磁场理论，忽略磁致伸缩力，作用在磁场中物体上的力密度

$$f = J \times B - \frac{1}{2}H^2 \nabla\mu \qquad (3.6)$$

式中：$J \times B$ 为作用于载流导体上的力；$\frac{1}{2}H^2 \nabla\mu$ 为作用在磁质上的力。

由于 $J = \nabla \times H$，则

$$f = (\mu\nabla \times H) - \frac{1}{2}H^2 \nabla\mu = \mu\left[(H \cdot \nabla)H - \frac{1}{2}\nabla(H^2)\right] - \frac{1}{2}H^2 \nabla\mu$$

$$= \mu[(H \cdot \nabla)H] - \frac{1}{2}\mu\nabla(H^2) - \frac{1}{2}H^2 \nabla\mu = \mu[(H \cdot \nabla)H] - \frac{1}{2}\nabla(\mu H^2)$$

$$(3.7)$$

又由于 $\nabla \cdot B = 0$，将式（3.7）加上 $H(\nabla \cdot B)$，则

$$f = (B \cdot \nabla)H + H(\nabla \cdot B) - \frac{1}{2}\nabla(\mu H^2)$$

$$= \nabla \cdot (BH)\frac{1}{2}\nabla(\mu H^2) = \nabla \cdot T \qquad (3.8)$$

T 为麦克斯韦应力张量，可表示为

$$T = \mu(H \cdot n) \cdot H - \frac{\mu}{2}H^2 \cdot n \qquad (3.9)$$

根据高斯定理，作用在物体上的力

$$F = \int_V \nabla \cdot T \mathrm{d}v = \oint_S T \cdot \mathrm{d}S \qquad (3.10)$$

式中，S 为包围物体的任意一个闭合曲面，通常设置在物体周围的空气中。理

论上说，积分面的选取是任意的，但实际上，积分面的选取对计算结果的精度影响很大，选取不同的积分面，可能会得到完全不同的结果，因此选取适当的积分面对这种方法很重要。对于二维有限元计算来说，积分路径选在包围计算对象的空气单元的中线，可使电磁力的计算值有较高的精度。但在三维有限元计算中，由于剖分单元形状的复杂性，使得积分面的选取变得非常复杂。

等效源法常用于磁体的受力分析，是用带有体分布及面分布的源的非磁性材料来等效磁体，根据等效的源的不同可分为等效磁流法和等效磁荷法。等效磁流法将磁体等效为一个体电流密度和一个面电流密度；等效磁荷法则将磁体等效为一个体电荷密度和一个面电荷密度，再根据安培定律求出力密度，对整个磁体积分，可求出磁体受到的作用力。

节点力法则是以能量原理为基础，结合麦克斯韦应力张量，根据与某一节点相关的所有单元的磁场信息计算出这个节点上的作用力，再对物体所有节点上的作用力求和，即可求得作用在整个物体上的力。由此可见，节点力法不仅能求出整体力，还能进行物体局部的受力分析。

虚位移法基于虚功原理，即电磁力所做的功等于系统能量的变化。虚位移法在数值计算中曾经采用虚位移前后的系统能量的差除以虚位移求出电磁力的方法，不仅需要进行两次磁场计算，还可能出现大数相减的情况，引起较大的计算误差。Coulomb 利用坐标变换，结合有限元法，提出了局部雅可比导数法，经过局部坐标系下的雅可比矩阵求导，只需要进行一次磁场计算即可由一个体积分求出电磁力。

理论上说，分析同一个问题，采用上述不同的方法应该得到相同的结果，但是研究者在各类问题的研究和计算中，通过对比各种方法得到的结果以及与试验结果的比较发现：等效源法的计算速度快，但对有限元法的网格剖分要求比较高，它需要较为精细的网格才能获得较为稳定的结果，在相同的网格条件下，等效源法表现出较其他方法稍差的精度；麦克斯韦应力法所需的计算时间少，但计算结果的精度对积分路径的选取十分敏感，为了达到较高的精度，如何选择积分路径是研究者较为关注的问题，在求解三维问题时，麦克斯韦应力法积分面的定义可能会因为剖分单元的形状特点而变得较为困难；节点力法精度较高，公式推导较为简单，利用麦克斯韦张量计算出场域中每个节点上的作用力，然后对所关注的节点力进行求和，但是当计算对象的剖分较密时，计算量很大；虚位移法是这几种方法中研究者公认的精度最高的计算方法，而且由于其积分单元即为场计算中的网格单元，因此在有限元计算软件包中具有较好的可移植性。

由于开关磁阻电机结构的复杂性和磁密度的高饱和特性，使得对其进行精确建模和径向力的解析计算变得十分困难。本节基于有限元原理,通过 ANSYS 软件对一台 8/6 结构的开关磁阻电机进行非线性径向力分析,然后结合虚位移方法计算开关磁阻电机定子单相导通时相磁极所受的径向力,得到径向力与转子位置角和定子相电流的非线性关系曲线。

利用 ANSYS 计算开关磁阻电机受力时,需要在所求区域与空气的边界上施加磁场虚位移标志(MVDI)。具体来说,就是在所求区域内的所有节点上令 MVDI = 1,与所求区域临近的空气节点的 MVDI = 0(图 3.20)。计算所求区域所受的磁场力后,计算结果存储在临近的空气单元中,然后对这些空气单元中的力求和,得到所求区域所受的合力。

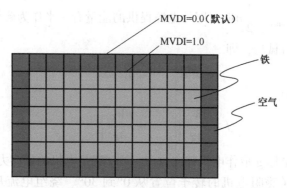

图 3.20　虚位移标志的施加

由于开关磁阻电机结构的对称性,在正常的运行条件下,一相绕组通电时各部分所受的径向力将相互抵消,最终合力为零,不能得到实际的径向力。为了得到径向力,必须以定子铁芯的一部分为计算对象,这里取开关磁阻电机的一个极距进行分析,虚位移标志如图 3.21 所示。在后处理时,调用 FMAGSUM 宏命令,ANSYS 就会对这些空气单元中的力求和,得到一个定子极距铁芯所受的径向磁拉力。

对于由 n 个电流回路组成的磁场系统,其储能为

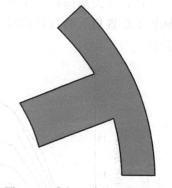

图 3.21　求解区域的虚位移标志

$$W_m = \frac{1}{2} \sum_{k=1}^{n} I_k \psi_k \tag{3.11}$$

式中:I_k 为第 k 相回路的电流;ψ_k 为第 k 相回路的磁链;W_m 为整个磁场的储能。

电机系统中发生的功能转换过程表示为

$$dW = dW_m + fdg \tag{3.12}$$

由电源提供的能量（dW）等于磁场能量的增量（dW_m）加上磁场力所做的功（fdg），式中的 dW 可表示成

$$dW = \sum_{k=1}^{n} I_k d\psi_k \tag{3.13}$$

假定各回路中的电流保持不变时，有

$$dW_m \big|_{I_k = \text{const}} = \frac{1}{2} \sum_{k=1}^{n} I_k d\psi_k \tag{3.14}$$

可见，$dW_m \big|_{I_k = \text{const}} = \frac{1}{2} dW$，即外电源提供的能量有一半作为磁场能量的增量，另一半用于做机械功，即

$$fdg = dW_m \big|_{I_k = \text{const}} \tag{3.15}$$

由此可得广义力

$$f = \frac{dW_m}{dg} \bigg|_{I_k = \text{const}} = \frac{\partial W_m}{\partial g} \bigg|_{I_k = \text{const}} \tag{3.16}$$

式中，若广义坐标 g 取作电机径向方向，则 f 就是电机的径向力。

分别对开关磁阻电机的转子位置从 0°到 30°、绕组电流从 2 A 到 20 A（步长为 2 A）的每种情况计算径向力，得到径向力与转子位置角及相电流的非线性特性关系曲线，图 3.22 和图 3.23 分别列出了径向力与相电流在不同转子位置角下的特性曲线、径向力与转子位置角在不同相电流下的对应关系。

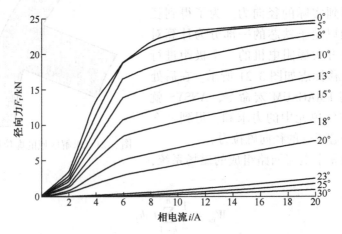

图 3.22　径向力和相电流在不同转子位置角下的关系曲线

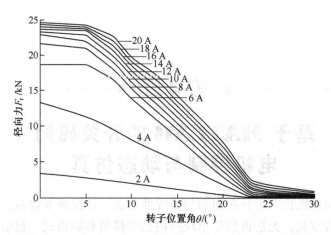

图 3.23　径向力和转子位置角在不同相电流下的关系曲线

从图 3.22 和图 3.23 可以看到，当定、转子位置部分重叠时，径向力上升较快；当 $\theta=0°$（转子极中心线与定子极中心线重合）时，径向力达到最大；同时也可看出，在额定范围内，随着电流的增大，径向力增大；当转子位置接近定子极与转子槽对齐时（$\theta=30°$）时，径向力随相电流基本呈线性变化；当电流较小，磁通密度不饱和时，径向力与转子位置角的非线性关系不明显；高饱和且电流较大时，径向力值较稳定。

3.4　本章小结

由于开关磁阻电机的双凸极结构和电机运行时的磁路高饱和特性，通过有限元软件 ANSYS 来计算开关磁阻电机的电磁性能、电机定转子间的径向磁力，具有较高的效率和计算精度。本章对不同转子位置角、不同电流激励下的径向力情况做了详细计算。应用有限元软件 ANSYS 对转子位置角从 0° 到 30°情况计算径向力，得到径向力与转子位置角及相电流的非线性特性关系曲线，为分析径向力引起的振动响应做了充分的准备工作。

■ 第4章 ■

基于 MATLAB 的开关磁阻
电机控制与动态仿真

开关磁阻电机长期运行在饱和与非线性状态，且控制参数多，相电流波形随转子位置变化，无法得到简单统一的数学模型和解析式。目前，针对开关磁阻电机动态性能的研究集中在线性简化模型分析或单一的几何结构优化、控制仿真研究方面。这样在研究动态特性时容易忽略静态电磁参数的影响或在研究静态特性时容易忽略外部驱动、控制电路的影响。而开关磁阻电机本身不能脱离驱动电路单独运行，且具有内部磁场非线性、非线性开关电源供电、相电流波形难以解析等特点，所以仅仅通过线性化模型分析或单方面地分析电机系统的某一部分很难解决开关磁阻电机非线性建模与电机性能预测问题。如何建立一个准确、快速、实用的开关磁阻电机系统非线性仿真环境一直是研究的难点和热点。

本书在有限元模型的基础上，通过 MATLAB/SIMULINK 对整个开关磁阻电机驱动系统进行建模和控制的动态仿真。提出将有限元与控制结合对开关磁阻电机系统非线性和动态特性进行仿真，整体研究电机本体几何结构、电磁参数、外部驱动电路和控制参数，同时考虑电机动、静态非线性特性影响。目的是通过对整个电机系统的研究建立一种快速、准确的非线性系统仿真环境，对开关磁阻电机的转矩脉动、振动和噪声等方面进行深一步优化研究。最后对样机进行电流斩波控制和角度位置控制仿真，仿真结果与理论分析一致，同时验证了有限元模型的准确性和控制仿真模型的有效性。结果显示，适当地选择关断角可以将转矩脉动系数减小到原来的1/4 左右。

本书中通过有限元模型来反映几何结构与电磁参数，通过 SIMULINK 仿真模块编程实现外部控制、驱动电路，将开关磁阻电机驱动系统作为一个整体进行研究。最后对 8/6 极开关磁阻电机进行电流斩波控制和角度位置控制仿真实验，同时分析关断角对转矩脉动系数的影响。

4.1 有限元与 MATLAB/SIMULINK 之间的数据传递

有限元计算结果与 SIMULINK 间数据传递是整个仿真有效性的关键之一。如图 4.1 所示，用户通过对电机模型进行有限元建模、计算，将计算的电磁数据传递到 SIMULINK 中作为动态仿真的静态参考数据，然后根据仿真结果返回到有限元模型进行调整，重新计算、分析。

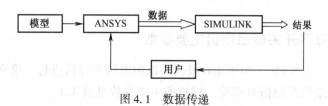

图 4.1 数据传递

本书基于非线性磁参数法解决有限元计算结果与 SIMULINK 之间数据传递的问题，即将有限元方法计算所得到的完整的开关磁阻电机磁化曲线数据 $\psi(i, \theta)$ 反演为 $i(\psi, \theta)$ 形式的数据表格。由于非线性磁参数法不需要计算微分系数，输入数据少，所以计算结果比较精确。将绕组电压方程表示为

$$\frac{\mathrm{d}\psi(\theta, i)}{\mathrm{d}\theta} = \frac{1}{\omega}\big[U - Ri(\theta, \psi)\big] \tag{4.1}$$

图 4.2 所示为反演后的 $i(\psi, \theta)$ 关系曲线。SIMULINK 提供二维数据查

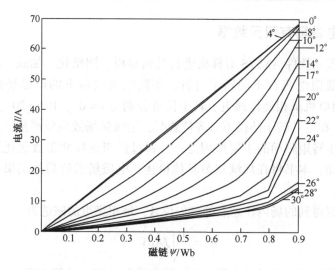

图 4.2 反演后的 $i(\psi, \theta)$ 关系曲线

表模块，如图 4.5 中 FEA-torque 模块，经过曲线拟合后形成插值曲线族。从式（4.1）可以看出，依据反演后的 $i(\psi, \theta)$ 曲线族，任意给定一对 (ψ, θ) 值，通过插值就可以求出相对应的电流值。从图 4.2 中可以看出，当开关磁阻电机的定、转子凸极未重叠、电流较小时，绕组的磁链值很小；随着电流变大（如 $i = 14 \sim 18$ A 时），磁链值也随之增大，最后磁场达到高度饱和。

4.2　样机控制与动态仿真分析

■ 4.2.1　算例开关磁阻电机主要参数

本书以一台 8 kW、四相 8/6 极开关磁阻电机为样机进行二维有限元建模、计算及动态系统控制仿真实验。样机的主要参数见表 4.1。

表 4.1　样机的主要参数

参　　数	数　　值	参　　数	数　　值
定子外径 D_s/mm	210	转子轴径 D_i/mm	50
转子外径 D_a/mm	115	定子轭高 h_{cs}/mm	13.72
铁芯叠长 L/mm	138	转子轭高 h_{cr}/mm	14.90
气隙长度 g/mm	0.4	定子槽深 d_s/mm	34.6
定子极弧 β_s/rad	0.366	绕组匝数 N_t	117
转子极弧 β_r/rad	0.401	额定功率 P_n/kW	8

■ 4.2.2　电磁场有限元数据

利用有限元软件 ANSYS 对样机进行几何建模、网格化、加载、求解，最后得到开关磁阻电机在不同转子位置、不同电流载荷下的电磁场磁通分布（如开关磁阻电机单相绕组通电、转子位置分别为 $\theta = 0°$、$10°$、$20°$、$30°$ 时的磁通分布）。在定、转子凸极不对齐位置时，边缘磁场效应较严重，边缘磁通的存在是产生转矩脉动的主要原因之一。通过适当的尺寸参数优化设计可以减小转矩脉动，本书将在后续章节具体论述。电磁场求解后的结果为任意一点的磁势值。

根据求解得到的场内任意点的磁矢位 A，每相绕组的磁链为

$$\psi = \frac{1}{i} \int_V JA \mathrm{d}V \tag{4.2}$$

调用电感计算宏程序可对通电绕组的磁链值进行求解。计算不同转子位置 $\theta =$

$0°\sim30°$，绕组电流 $i=4\sim18$ A 载荷下的磁链值，求得数据见表 4.2。

表 4.2　仿真实验数据（磁链 ψ/Wb）

i/A	θ/(°)									
	0	8	10	12	14	17	20	22	26	30
4	0.05	0.07	0.12	0.16	0.20	0.24	0.33	0.38	0.44	0.49
6	0.08	0.11	0.18	0.22	0.28	0.34	0.46	0.51	0.60	0.66
8	0.11	0.15	0.22	0.28	0.36	0.43	0.56	0.62	0.74	0.80
10	0.13	0.18	0.27	0.34	0.42	0.51	0.64	0.70	0.80	0.84
12	0.16	0.22	0.31	0.38	0.47	0.58	0.70	0.76	0.85	0.88
14	0.19	0.25	0.34	0.42	0.52	0.62	0.74	0.8	0.88	0.90
16	0.21	0.28	8.37	0.45	0.55	0.65	0.77	0.83	0.89	0.92
17	0.22	0.30	0.38	0.47	0.57	0.68	0.78	0.84	0.89	0.92
18	0.24	0.32	0.40	0.49	0.58	0.70	0.79	0.85	0.90	0.92

▋4.2.3　开关磁阻电机调速控制数学模型

图 4.3 所示为四相 8/6 极开关磁阻电机结构及驱动电路简图。实际中，开关磁阻电机控制系统由驱动器、控制器等组成。

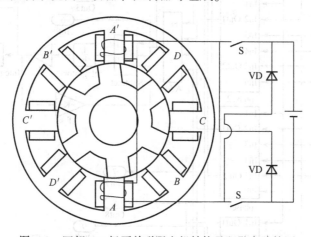

图 4.3　四相 8/6 极开关磁阻电机结构及驱动电路简图

参考图 4.3，假设：①半导体开关器件为理想工作状态，即导通时压降为零，关断时电流为零；②电机各项参数对称，每相的两线圈正向串联，忽略相间互感。

一相绕组电压平衡方程为

$$U = Ri + \frac{\mathrm{d}\psi(\theta,\,i)}{\mathrm{d}t} = Ri + \frac{\partial\psi(\theta,\,i)}{\partial i}\frac{\mathrm{d}i}{\mathrm{d}t} + \frac{\partial\psi(\theta,\,i)}{\partial\theta}\frac{\mathrm{d}\theta}{\mathrm{d}t} \tag{4.3}$$

式中：U 为相绕组端电压；R 为相绕组电阻。

机械运动方程为

$$T = J\frac{\mathrm{d}^2\theta}{\mathrm{d}t^2} + B\frac{\mathrm{d}\theta}{\mathrm{d}t} + T_\mathrm{L} \tag{4.4}$$

式中：T_L 为负载转矩；J 为转动惯量；B 为摩擦系数。

■ 4.2.4 开关磁阻电机系统仿真建模

依据开关磁阻电机控制方程，在 SIMULINK 中通过方框图构建动态系统仿真模型，系统四相结构图如图 4.4 所示。其中 I_ref 模块为参考电流；phase1 ~ phase4 为四相开关磁阻电机主电路模块，分别用于求取开关磁阻电机四相电

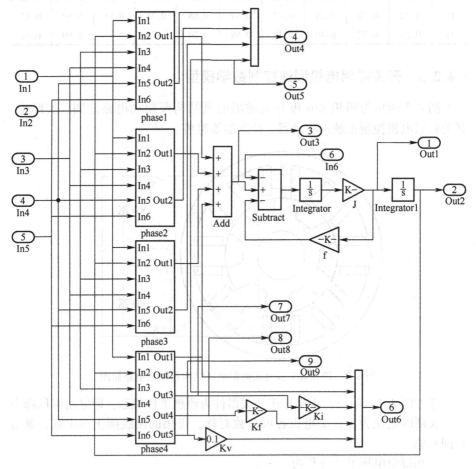

图 4.4 开关磁阻电机系统四相结构图

流、转矩，实现了式（4.3）、式（4.4）所表达的函数关系；phase1 子模块
具体实现如图 4.5 所示。此模块中主要由五个子模块组成：Relay 为电流滞
环模块，根据滞环宽度对电流进行斩波控制；switch 为逻辑换相及功率变换
器模块，根据转子位置角度和开关磁阻电机的逻辑换相关系进行编程；
2pi/Nr 将转子角度值归算为一个周期内对应参考零角度；rad-to-deg 为角度
—弧度转换模块；FEA-current 和 FEA-torque 分别为电流、转矩查表模块，
此模块参考有限元计算数据，通过插值原理得到任意转子位置下的电流及
转矩输出；θ_{on}、θ_{off}、θ_q 分别为通电绕组开通角、关断角和电流过零角；通
过对电流补偿角和转矩补偿角进行设值，可以避免相电流出现滞后现象。
图 4.5 所建模型中的 switch、rad-to-deg 和 2pi/Nr 模块均利用 SIMULINK 中
的内嵌 MATLAB 函数模块（embedded MATLAB function）根据控制参数进行
编程实现。

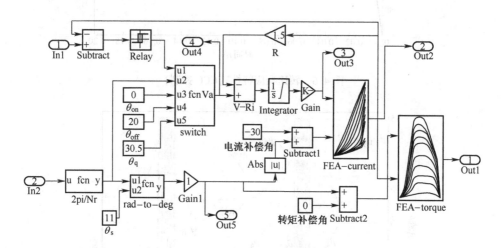

图 4.5　子模块与有限元计算数据传递

■ 4.2.5　CCC 与 APC 控制仿真

本书通过上述建立的开关磁阻电机系统仿真模型，分别在电机低速运行
时对其进行电流斩波控制（CCC），如图 4.6 所示，高速运行时进行角度位置
控制（APC）。①当开关磁阻电机低速运行时，为避免相绕组的电流过大，需
要对相电流进行限制。通过电流的限幅来控制外电压 U_d 加在导通相绕组上的
有效时间，实现了最大磁链和最大电流的限定（如图 4.7 中电流波形所示）。
②开关磁阻电机高速运行时，此时反电动势比较大，削弱了相电流峰值的影
响，只需采用 APC 方式控制导通角（$\theta_c = \theta_{off} - \theta_{on}$）的大小，如图 4.8 所示。参

数设置：外电压 $U_d = 150$ V，参考电流值 $I_{ref} = 10$ A，滞环宽度为 0.2 A，相绕组电阻 $R = 1.5$ Ω，饱和时最大磁链值 $\psi_{max} = 0.9$ Wb；转动惯量 $J = 0.001\,3$ kg·m²，摩擦系数 $f = 0.018\,3$，负载转矩 $T_L = 1$ N·m。

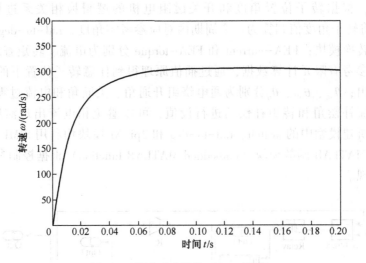

图 4.6 转速响应特性（CCC 控制）

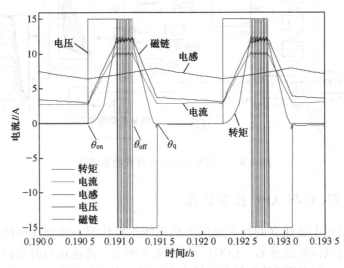

图 4.7 CCC 方式下一相输出转矩、电流、电压、电感和磁链波形

启动仿真后，仿真程序采用精确的四阶龙格–库塔（ode45）变步长算法对模型进行求解，每求解一步都要通过有限元数据查表模块进行插值计算下一状态所需数据值，同时得到连续的电流、转矩波形输出。在 CCC 方式，固

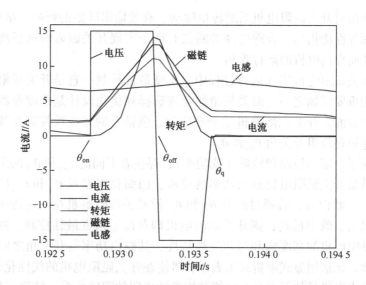

图 4.8　APC 方式下一相输出转矩、电流、电压、电感和磁链波形

定 θ_{on}、θ_{off}，通过斩波控制外加电压，若电流超出参考相电流 I_{ref} 幅值上限，则功率开关器件关断，迫使电流下降；若超出参考相电流幅值下限，则功率开关器件导通，又使电流开始回升，因此相电流波形近似"理想平顶波"（图 4.7）。随着转速上升，旋转电动势变大，各相开关器件导通时间缩短，因此相电流较小，此时只需控制导通角 $\theta_e = \theta_{off} - \theta_{on}$。在 APC 方式下，波形输出如图 4.8 所示，可以看出在电感上升阶段电流和转矩都达到了最大值。从图 4.7 和图 4.8 可见，仿真结果如实地反映了开关磁阻电机实际的工作状况，与理论分析一致。

　　基于建立的非线性动态系统仿真模型，对开关磁阻电机在低速运行时通过电流斩波控制方式进行动态仿真。采用 CCC 方式时，输出恒转矩特性，通过电流的限幅控制外电压 U_d 加在导通相绕组上的有效时间，实现了最大磁链和最大电流的限定（图 4.7）。

　　从仿真波形结果（图 4.6～图 4.8）可以看出，在 $n_e = 300$ rad/s 额定转速下，系统响应快速且平稳，相电流和合成转矩波形较为理想，参考电流的限幅作用十分有效，仿真结果证明了所建立的开关磁阻电机系统仿真的有效性。

4.3　关断角控制对开关磁阻电机系统性能的影响

　　在上述分析的基础上，本书针对关断角参数的影响进行了仿真研究，分析了关断角对开关磁阻电机系统转矩脉动、有效输出转矩的影响。结果表明，综合考虑各性能指标、合理选择关断角有助于实现开关磁阻电机系统的优化运行，从而提高电机的运行效率。

在开关磁阻电机实际运行过程中，角度最优控制一直是开关磁阻电机系统研究的重要课题之一，而关断角的合理选择和优化设计是角度参数最优控制的重要方面。开关磁阻电机是个多变量、强耦合的非线性控制系统，其主要控制变量是绕组开关角 θ_{on} 和 θ_{off}。

对应于一定的转速和转矩（或功率），存在着不同的 θ_{on} 和 θ_{off} 的组合，它们都能满足开关磁阻电机输出功率的要求，因而存在着对 θ_{on} 和 θ_{off} 最优选择的问题。一般而言，若通过调节 θ_{on} 和 θ_{off} 使开关磁阻电机在一定转速下的输出功率最大、效率最高，则开关磁阻电机即获得了角度最佳控制。然而，由于开关磁阻电机的高度饱和与非线性特性，其输出功率与开关角之间的关系十分复杂，无法用显式解析式来表示，即使在开关磁阻电机的线性化假设下，也无法求出电机最佳开关角与电机结构参数之间的明确关系。目前，还没有一种通用的、有效的开关磁阻电机开关角最优控制规律，寻求开关磁阻电机最佳开关角控制规律的方法都是对具体的电机用数值方法求解来获得的，即使这样，所获得的最佳开关角控制规律也只适用于特定的电机。关断角是开关磁阻电机驱动系统中一个十分重要的控制和调节参数，尤其是在系统的优化运行阶段，关断角的微小变化会影响到其他的性能指标，如有效输出转矩、转矩脉动系数、电流、转速等。因此，关断角的研究对开关磁阻电机系统设计与控制有实际的应用价值和意义。

■ 4.3.1 关断角对转矩脉动的影响

关断角对开关磁阻电机电磁转矩的输出波形起着重要的作用。为了具体体现关断角对转矩脉动影响的大小，定义转矩脉动系数

$$\delta_T = \frac{T_{\max} - T_{\min}}{T_{av}} \tag{4.5}$$

式中：$T_{\max}$、$T_{\min}$ 分别为合成转矩的最大值和最小值；T_{av} 为合成转矩的平均值。转矩脉动系数 δ_T 表明，在同一转速和转矩下，δ_T 越小，转矩脉动越低。图 4.9 和图 4.10 所示分别为 CCC 和 APC 方式下，不同关断角的合成转矩输出。在 CCC 控制时固定 $\theta_{on} = 0°$，设置 $\theta_{off} = 20°$ 时，转矩脉动系数 $\delta_T = 0.2$，图 4.9（a）明显小于图 4.9（b）$\theta_{off} = 22°$ 时的转矩脉动系数 $\delta_T = 0.67$；在 APC 控制方式下，结果类似，固定 $\theta_{on} = -3°$，设置 $\theta_{off} = 15.5°$ 时，转矩脉动系数 $\delta_T = 0.41$，图 4.10（b）明显小于图 4.10（a）$\theta_{off} = 17.5°$ 时的转矩脉动系数

$\delta_T = 1.67$。综合 CCC 和 APC 方式关断角对输出转矩波形的影响可以看出，合理选择关断角能够有效地减小转矩脉动。比较图 4.9 和图 4.10，可以看出，在 APC 方式，随着转速的提高，输出的平均转矩明显高于 CCC 方式的输出转矩。

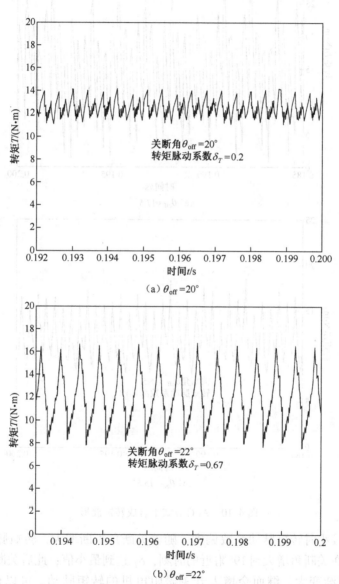

（a）$\theta_{\text{off}} = 20°$

（b）$\theta_{\text{off}} = 22°$

图 4.9　CCC 方式下合成转矩波形

图 4.11 显示的是对应不同关断角时转矩脉动系数值。从图中可以看出，

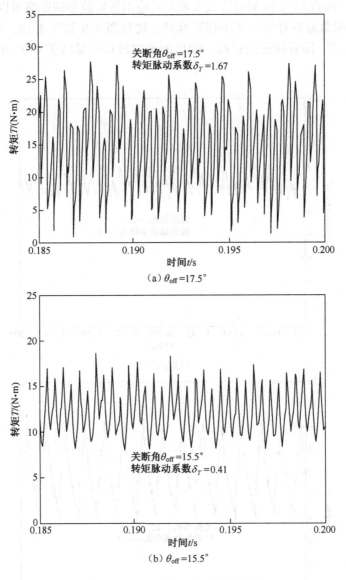

图 4.10　APC 方式下合成转矩波形

在关断角较小时转矩脉动系数偏大，随着关断角不断增大，转矩脉动系数开始变小，在关断角增大到 19°附近的时刻，δ_T 达到最小值；此后关断角的增大会使 δ_T 逐渐变大，继而会增大开关磁阻电机的转矩脉动。可以得出结论。$\theta_{off}=19°$ 是转矩变化的转折点，若合理选择关断角，能够有效地减小转矩脉动。尤其是在开关磁阻电机低速运行时转矩脉动比较严重，应当首先对关断角进行优化，综合考虑各种因素后，选择合适的关断角，使转矩脉动降到最低，然后再通过电流斩波对电压进行控制。

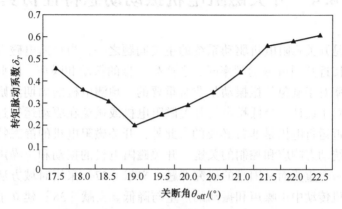

图 4.11 关断角 θ_{off} 与转矩脉动系数 δ_T 的关系

■ 4.3.2 关断角对有效输出转矩的影响

开关磁阻电机的有效输出转矩即是平均输出转矩，因为电机及其负载都具有一定的转动惯量，决定电机出力及其动特性的往往是平均转矩。因此，平均转矩的计算比瞬时转矩的计算更有意义。图 4.12 显示的是对应不同关断角时开关磁阻电机的平均输出转矩值。从图中可以看出。在关断角较小时，平均输出转矩是随着关断角的增大而逐渐上升的；当关断角增大到 20°左右的位置时，平均输出转矩基本上达到最大值；此后，关断角再增大时，平均输出转矩值没有明显的变化。因此在电机运行时，为了获得最大的有效输出转矩，应当合理地选择关断角。

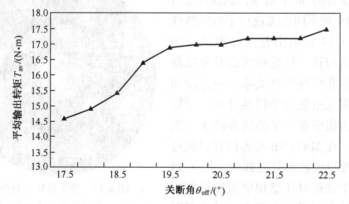

图 4.12 关断角 θ_{off} 与平均输出转矩 T_{av} 的关系

4.4 开关磁阻电机振动动态特性仿真

振动是开关磁阻电机驱动系统的主要问题之一，当径向电磁力的周期性激励频率接近其固有振动频率时，会产生不良的振动和噪声。因此，计算周期激励频率对于避免共振振动是非常重要的。预测电机的周期激励频率和响应特性，对于设计一台低噪声的开关磁阻电机或避免在驱动运行过程中在谐振频率附近运行电机是非常必要的。此外，开关磁阻电机的静态特性是决定该电机系统动态响应和控制的关键。开关磁阻电机的振动和声噪声分析与降噪已成为一个重要而又困难的研究课题。文献［37］采用时域方法描述了开关磁阻电机传动中声噪声和振动的产生与降低。文献［38］建立了允许计算前几个模态频率的解析模型，并研究了定子堆叠长度对计算公式精度的影响。以往对开关磁阻电机的振动分析和减振已做了一些工作，并取得了一些有益的成果，但仍有许多实际问题有待解决，有待深入研究。

本节基于二维有限元法计算的开关磁阻电机的静态特性，建立分析开关磁阻电机系统振动动态仿真模型是为了研究径向电磁力激励下的振动响应，并利用 FFT 分析开关磁阻电机驱动系统的动态振动响应。最后，对四相 8/6 极开关磁阻电机进行振动特性的动态仿真分析。

■ 4.4.1 电机电磁特性关系分析

采用 ANSYS 中的非线性有限元模型进行电磁力分析，如图 4.13 所示。分别针对开关磁阻电机顶、转子凸极对齐到非对齐位置的 30 个角度，以及从 2 A 到 18 A 的 9 种不同电流进行了电磁特性分析。图 4.14 显示出开关磁阻电机的径向电磁力与转子位置角度以及外部激励电流间的非线性特性关系。通过前面章节的有限元电磁力学特性计算，可知径向电磁力集中在定子凸极和转子凸极重合区域。在 MATLAB 动态仿真建模过程中，只要电流波形是已知的，图 4.14 就可以用于获得对任意相电流波形作用在定子上的实际径向电磁力，进而可以

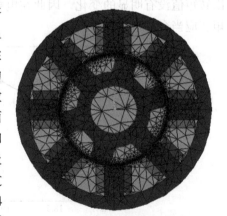

图 4.13 开关磁阻电机电磁
有限单元分析模型

用于分析和确定开关磁阻电机系统的瞬态径向电磁力波形，为振动动态仿真分析提供参考。图 4.15 所示为开关磁阻电机的磁链特性曲线。图 4.16 所示为开关磁阻电机的电磁转矩非线性特性曲线。图 4.14~图 4.16 将用于振动的 MATLAB 动态仿真模型中。

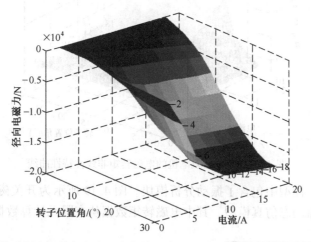

图 4.14　开关磁阻电机的径向电磁力与转子位置角度以及外部激励电流间的关系曲线

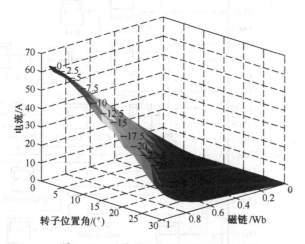

图 4.15　开关磁阻电机的磁链特性曲线

■4.4.2　电机振动动态仿真建模

以一台四相 8/6 极开关磁阻电机样机为例，研究开关磁阻电机系统的振动动力学响应。图 4.17 给出了开关磁阻电机的整体动态系统输入/输出模型，系统模型中包含了 FFT 分析模块。图 4.18 给出了开关磁阻电机系统的内部四

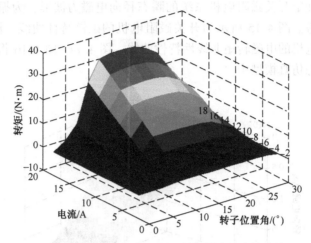

图 4.16　开关磁阻电机的电磁转矩非线性特性曲线

相结构模型，模型中包含了振动分析模块。图 4.19 所示为开关磁阻电机系统的单相驱动器动态仿真模型，其中电磁转矩数据从有限元计算数据进行传递。

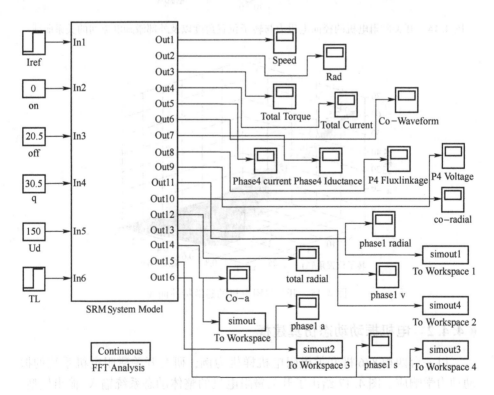

图 4.17　开关磁阻电机的整体动态系统输入/输出模型

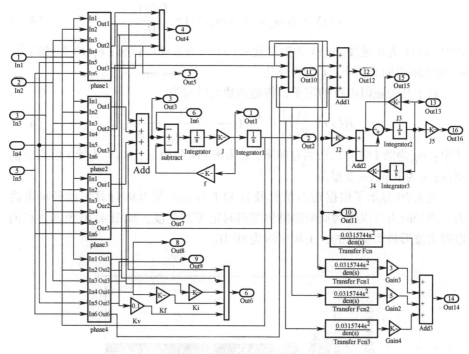

图 4.18　开关磁阻电机系统的内部四相结构模型

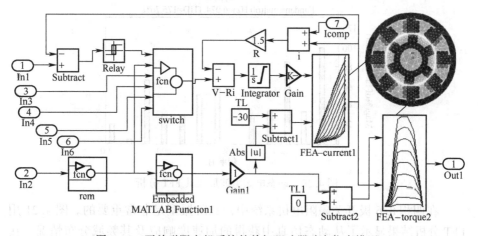

图 4.19　开关磁阻电机系统的单相驱动器动态仿真模型

▌4.4.3　振动及其 FFT 分析

开关磁阻电机系统在径向电磁力激励下的振动微分方程可以表示为

$$a(t) + 2\zeta\omega_n v(t) + \omega_n x(t) = \frac{F_r(t)}{M} \tag{4.6}$$

式中：$a(t)$ 为加速度；$v(t)$ 为振动速度；$x(t)$ 为振动的位移；$F_r(t)$ 为径向力；ω_n 为无阻尼固有频率；ζ 为阻尼比。

对于开关磁阻电机的定子，传递函数可以写为

$$H(s) = \frac{a(s)}{F(s)} = \sum_i A_i \frac{s^2}{s^2 + 2\zeta_i\omega_{ni}s + \omega_{ni}^2} \tag{4.7}$$

式中：ω_{ni} 为第 i 阶的共振固有频率；ζ_i 为第 i 阶的阻尼比；A_i 为第 i 阶对应的增益；s 为 Laplace 变量。

图 4.20 显示了根据动态仿真及其 FFT 分析结果及时计算出的径向电磁力。该径向力可以作为周期激励预测瞬时定子加速度。如图 4.20 所示，径向电磁力波形是周期性的，主频率约为 80 Hz。

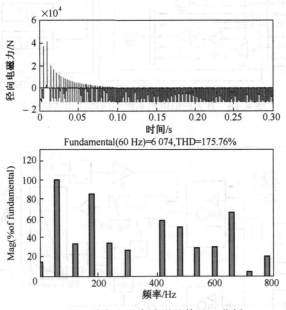

图 4.20 动态电磁力波形及其 FFT 分析

在四相 8/6 极开关磁阻电机系统中，二阶振型是非常重要的。图 4.21 用 FFT 分析结果显示了从动态仿真中获得的加速度响应及其频域分布情况。在图 4.21 中，加速度的主频率约为 74 500 Hz，这对于设计低噪声的开关磁阻电机或避免在驱动运行时接近谐振频率的电机是非常重要的。因此，下一步的工作是研究使径向电磁力激励频率尽量远离固有振动频率的有效方法，从而避免产生共振振动。

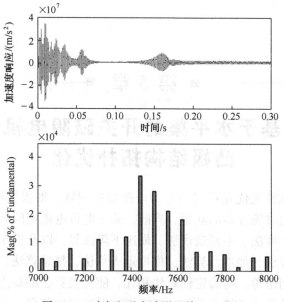

图 4.21　动态电磁力波形及其 FFT 分析

4.5　本　章　小　结

　　本书在开关磁阻电机非线性有限元计算模型下，通过 MATLAB/SIMULINK 软件对整个电机系统进行仿真研究，针对关断角参数重点研究了其对系统转矩脉动、有效输出转矩的影响。结果显示，关断角对开关磁阻电机系统性能影响较大，合理选择、设计和优化关断角有助于开关磁阻电机系统的角度最优控制理论研究，对开关磁阻电机系统设计与控制有实际的价值和意义。从以上仿真结果可以得出以下结论：

　　（1）通过将有限元静态电磁参数计算与系统动态性能仿真相结合，可以充分利用有限元计算的准确性与 SIMULINK 控制仿真的快速性，可以充分考虑开关磁阻电机的非线性和磁场的饱和特性。

　　（2）关断角对开关磁阻电机动态性能有重要的影响，在获得最大有效输出转矩和最小转矩脉动之间应该折中考虑，或根据具体的应用场合来选择合适的关断角，使开关磁阻电机的性能处于最佳状态。

　　（3）为了能够对开关磁阻电机系统建立更加准确、快速和高性能的仿真环境，应当在对电机电磁场进行三维有限元计算的同时，对系统引入合适的智能控制策略，使系统整体动静态性能达到最优。

■ 第 5 章 ■

基于水平集的开关磁阻电机
凸极结构拓扑优化

电机的电磁性能优化可以归结为电磁场逆问题，即根据给定性能要求，求解电机内部电磁场分布的问题。当前，关于电机电磁场问题优化的方法比较多，如共轭梯度法、牛顿迭代法、最速下降法等，以及近年来比较流行的启发式随机类算法，如遗传算法、模拟退火算法、禁忌算法、粒子群法、蚁群算法和神经网络等。与确定性算法相比，随机类算法的缺点是收敛慢、计算量大，确定性算法虽然收敛快，却需要辅助的梯度信息，而对于电磁场逆问题来说，由于目标函数和设计变量的多样性使得梯度信息计算难度大，所以探索电磁场逆问题的优化方法具有重要意义。

本章重点阐述通过水平集理论对开关磁阻电机的凸极结构进行拓扑优化，进一步改善开关磁阻电机的运行性能。研究内容主要包括基于水平集理论的拓扑优化方法、两相 4/2 极高速开关磁阻电机的启动性能优化以及四相 8/6 极开关磁阻电机转矩脉动问题优化三个方面。

5.1 基于水平集理论的拓扑优化方法

图 5.1 中左边一列对应优化前结构的布局形状，右边一列对应优化后结构的布局形状。在电磁场的逆问题中，根据优化中设计变量的不同可分为：①尺寸优化，理解为结构中材料属性、布局、外形特征已经确定，仅需要寻找待优化对象的界面尺寸，以达到某个性能指标的最优，如图 5.1（a）所示。②材料优化，可理解为结构的布局已定，通过寻找材料的最优组合达到某些性能的最优，如图 5.1（b）所示。③形状优化：即允许结构的几何外形发生变化，将其中的几何参数作为优化变量的优化，如图 5.1（c）所示。④拓扑优化。由前几个图可以看出，尺寸优化中结构杆件的数目和相互之间的连接没有变化；材料优化中材料的层次结构没有变化；形状优化中孔洞的

数量没有变化。如果让这些固定的属性全都可以随着某种驱动进行变化则属于拓扑优化，如图 5.1（d）所示。设计变量的层次越高，优化效果越好，同时求解也越困难。本书着重探讨拓扑优化在开关磁阻电机电磁场逆问题中的应用。

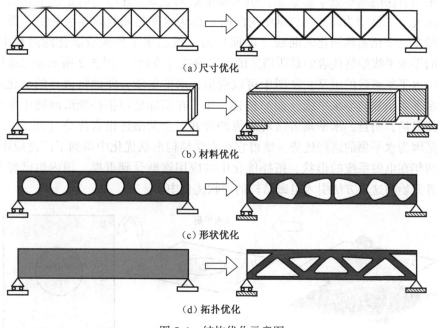

（a）尺寸优化

（b）材料优化

（c）形状优化

（d）拓扑优化

图 5.1　结构优化示意图

拓扑优化方法在电磁场领域的应用源于基于均匀化方法和变密度方法的结构力学拓扑优化。国外学者 Dyck 和 Lowther 最早将拓扑优化引入电磁场计算领域中，主要研究了电磁结构中的最优材料分布问题，Semyung Wang 等人在三维模型电磁结构拓扑优化中作出了探索性的工作，但仅限于简单模型。2008 年 Sang-in Park 等人将水平集应用于电磁制动器的结构拓扑优化中，从而克服了以往的拓扑优化只能处理的线性材料电磁特性的难题。国内电磁学界在电磁场以电磁装置的尺寸优化为主，少有形状优化和拓扑优化，且多使用启发式的随机搜索算法。拓扑优化中设计变量的选取与材料特性描述、使用确定性优化算法时的灵敏度分析是两项重要工作。2007 年，肖继军博士系统地研究了电磁结构中的形状优化、拓扑优化问题，将水平集边界描述方法引入到形状优化中。

本书中借助拓扑优化策略，通过水平集方法引入一种材料边界来优化开关磁阻电机的转子凸极，改善电机的启动性能和转矩输出。水平集方法是由

Osher 和 Sethian 于 1988 年首先提出的依赖于时间的运动边界描述方法，最初的水平集算法主要是从界面传播等研究领域中逐渐发展起来的，对于处理运动界面随着时间变化的几何拓扑变化十分有效。它已经在流体机械、固体建模、计算机动画、材料科学、损伤传播、图形处理等领域有了广泛的应用。水平集方法的基本数学思想是，引入水平集函数 φ，并将当前正在演化的边界曲线（二维中为曲线，三维中为曲面）作为水平集函数的零水平线（面）。这样在这个比实际演化的曲线（曲面）高一维的水平集函数演化的过程中，它的零水平线始终代表的是所描述的边界曲线（曲面）。图 5.2 所示是二维区域中水平集函数的定义，从图中可以看出，水平集能方便地将边界的变化通过水平集函数的零水平线（面）描述出来，在实际处理拓扑变形问题中非常方便灵活，而且，水平集方法对边界的合并、交叉描述很有优势（图 5.3）。正是因为水平集的这些优势，使得它在力学结构形状优化中得到了广泛应用，近两年在电磁系统的形状、拓扑优化中的应用逐渐受到重视，国内也已经有学者开始将这一方法引入电磁结构的形状优化中来。

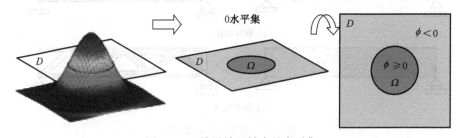

图 5.2 二维设计区域中的水平集

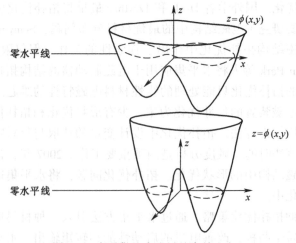

图 5.3 水平集法中边界的合并、交叉

水平集法描述结构形状、拓扑的时候，将水平集函数 $\phi(x, t)$ 定义为符号距离函数，即

$$\left.\begin{array}{l} \phi(x, t) > 0, \ \Omega(t) \ \text{中} \\ \phi(x, t) = 0, \ \partial\Omega \ \text{上} \\ \phi(x, t) < 0, \ R^n \setminus \overline{\Omega}(t) \ \text{中} \end{array}\right\} \tag{5.1}$$

式中，零水平集 $\phi(x, t) = 0$ 描述了优化设计区域的材料边界 $\partial\Omega$，$\phi(x, t)$ 描述除边界点以外的点到边界的距离，$\Omega(t)$ 代表待优化结构的实体材料区域，$R^n \setminus \overline{\Omega}(t)$ 代表结构非优化区域和优化区域的非实体材料区域，在本章的永磁无刷直流电机的结构优化中，$\Omega(t)$ 代表的是待优化区域定子极靴，除此以外其他区域用 $R^n \setminus \overline{\Omega}(t)$ 描述。

为了描述零水平集在优化中的动态演变过程，引入虚拟的时间量 t，对式 (5.1) 中的零水平集 $\phi(x, t) = 0$ 关于时间 t 取导数，有

$$\frac{\mathrm{d}\phi(x(t), t)}{\mathrm{d}t} = \frac{\partial\phi(x(t), t)}{\partial t} + \frac{\partial\phi}{\partial x}\frac{\mathrm{d}x}{\mathrm{d}t} = 0 \tag{5.2}$$

等式右边第二项可以改写成

$$\frac{\partial\phi}{\partial x}\frac{\mathrm{d}x}{\mathrm{d}t} = \nabla\phi \cdot \boldsymbol{V} = \left(\boldsymbol{V} \cdot \frac{\nabla\phi}{|\nabla\phi|}\right) \cdot |\nabla\phi| = V_n |\nabla\phi| \tag{5.3}$$

式中：$|\nabla\phi| = \sqrt{\nabla\phi \cdot \nabla\phi}$；$V_n$ 为边界面运动的法向速度分量。由于在边界面运动过程中，边界的运动速度可以分解成沿边界切向速度分量和法向速度分量，而切向速度分量并不改变切面运动的形状和趋势，只有速度的法向分量有效，如图 5.4 所示为水平集边界沿法向速度场的演化示意图。

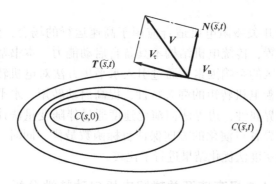

图 5.4　水平集边界演化

将式 (5.3) 代入式 (5.2)，得到水平集在动态的演变过程中需满足的 Hamilton-Jacobi 方程

$$\frac{d\phi(x(t), t)}{dt} = \frac{\partial\phi(x(t), t)}{\partial t} + V_n |\nabla\phi| = 0 \tag{5.4}$$

关于式（5.4）的偏微分方程（partial differential equations，PDE）的数值求解方法较多，常见的有 upwind 迎风差分格式、godunov 单调差分格式、TVD Runge-Kutta 积分、本质无震荡插值（ENO）格式、加权本质无震荡插值（WENO）格式等。利用水平集函数对结构的形状、拓扑进行隐含描述以后，可将结构的形状、拓扑优化问题转化为关于水平集方程的数学规划问题，利用第4章中的灵敏度分析方法可以方便地得到水平集边界运动的速度场。

水平集隐含边界描述法的优点有以下两个方面：

（1）零水平集始终对应于运动边界面，结构界面的运动信息都隐含在水平集函数中，计算时无须显式地提取边界，且水平集函数对曲面的拓扑变化描述简单、准确。

（2）数值计算时，可以在离散网格上用有限差分法近似求解，同时也能用差分法得到的空间导数很好地近似 ϕ 的梯度信息。

水平集方法的计算需要根据目标函数构造速度场 V_n，V_n 的构造可以使用第4章中介绍的伴随变量法，也可以使用连续灵敏度分析方法，虽然连续灵敏度分析方法在速度场的构造和计算效率上优势较大，但作为对算法的验证，本章使用伴随变量法。

5.2 水平集在两相4/2极高速开关磁阻电机优化中的应用

两相4/2极开关磁阻电机适合应用于高速运行的场合，然而，在其定、转子凸极对齐位置，传统电机结构不具备自启动能力。本书基于等效磁路模型分析了转矩死区的影响因素，通过引入水平集方法对电机转子凸极区域进行结构优化，改善电机转矩的静态特性，提高启动转矩。水平集方法能够隐式地表达材料边界属性，边界法向演化速度通过伴随变量法计算优化区域的灵敏度获得，边界各点演化的方向保证目标函数最优。同时，将水平集优化的转子结构与变密度法优化结果进行了比较。

■5.2.1 两相4/2极高速开关磁阻电机启动特性分析

与其他传统交、直流电机相比，开关磁阻电机具有本体结构简单、坚固，高可靠性，强容错能力，宽调速区域等优点，而且转子无绕组和永磁体，机械强度高、受温度影响小，因此适合于高速、高温等恶劣环境运行。根据定、转子凸极数的多少，高速开关磁阻电机主要有 4/2 极、6/2 极和 6/4 极结构。极对数的增加会成倍地增加电流导通频率和转子位置信号检测频率，对开关器件要求也会更加严格。而且，频率的增加势必会增加铁芯损耗，使电机效率降低和导致电机温升升高。目前，研究比较多的高速开关磁阻电机集中在三相 6/2 极和两相 4/2 极，图 5.5 所示为一传统两相 4/2 极开关磁阻电机二维截面图。前者的相数相对较多，会增加外围控制器结构的复杂程度和成本，后者具有更为简单的电机本体结构和外围控制器，特别适合高速或超高速运行。一般情况下，两相开关磁阻电机存在着比较突出的两个问题：无自启动能力和严重的转矩脉动。已有相关文献分别通过多目标优化方法、智能优化算法或对转子凸极外边缘进行削角等方法来优化转子凸极外缘形状，增加气隙长度的变化程度，以此改善电机的启动转矩和转矩脉动等性能。然而，改变定转子凸极间气隙长度会影响转子凸极系数的大小和降低平均输出转矩。

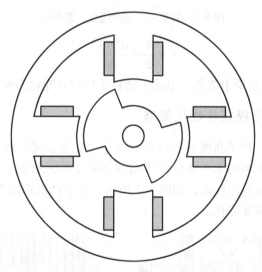

图 5.5　两相 4/2 极开关磁阻电机二维截面图

水平集方法结构拓扑形状优化最大的优点就是结构边界是隐式表达，通过边界的合并和断开来产生新孔，可以方便地表达结构的拓扑和形状变化。本书研究中在分析转矩死区产生原因的基础上，通过水平集方法优化转子凸极内部区域的铁磁材料分布，而保持转子凸极外边缘气隙长度不变，在不降低平均输出转矩的前提下，使任意转子位置的静态转矩值达到最大，以降低转矩脉动和径向力，同时，有助于减小电机的振动和噪声。

为了能够清晰地分析电机转矩死区及影响因素，图 5.6 给出了两相 4/2 极开关磁阻电机的转矩—电感的线性关系曲线。从图中可以看出，在定、转子对齐位置（90°附近）和非对齐位置（0°附近）转矩输出为零，主要原因是对齐位置的电感值恒定不变，无电感变化，如式（5.5）所示。

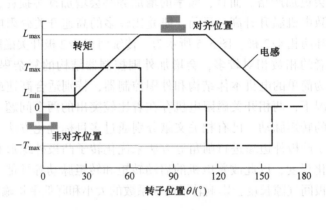

图 5.6　转矩—电感的线性关系曲线

$$T = \frac{1}{2}i^2 \frac{\mathrm{d}L(\theta)}{\mathrm{d}\theta} \tag{5.5}$$

式中：i 为定子绕组中电流值；电感 L 随转子位置 θ 变化而变化。

■ 5.2.2　转子凸极拓扑优化策略

为了提高定、转子凸极对齐位置的电感变化率，可以改变转子凸极内部的磁导率分布。本书的水平集优化策略就是基于单元材料分布优化的思路提高相应转子位置的输出转矩，如图 5.7 所示，转子凸极内部存在空气区域后，磁通分布发生了明显变化。

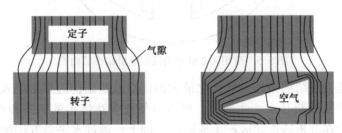

图 5.7　不同材料属性的磁通分布

水平集方法因材料边界是隐式表达，同传统的拓扑和形状优化方法相比具有能够同时描述拓扑与形状变化、优化过程中边界保持光滑等优点，在结构优化设计中已得到广泛应用，并开始被用于电磁装置的性能优化。本书将这种方法用于开关磁阻电机转子凸极的优化，获得理想的凸极拓扑形状和期望的静态转矩特性，改善电机的启动性能。

以启动转矩最大为优化目标，优化模型表述为：

$$
\left.
\begin{aligned}
\text{最小化} \quad & F(A, \phi) = \sum_{j=1}^{n} \lambda_j (T_{st} - T_{target})_j^2 H(\phi_j) \\
\text{使其服从} \quad & V(\phi) \leqslant V_{max}, \quad \sum_{j=1}^{n} \lambda_j = 1
\end{aligned}
\right\}
\tag{5.6}
$$

式中：T_{target}、T_{st} 分别为第 j 个转子位置对应的目标转矩和期望转矩；ϕ 为水平集函数；V_{max} 为体积约束；$H(\phi_j)$ 为 Heaviside 函数，为第 j 个转子位置对应的期望转矩的权重系数。

在此利用 Maxwell 应力张量法计算电磁转矩，通常 Maxwell 应力张量的基本计算过程是在气隙内取一包含转子的闭合回路，通过有限元计算磁密的切向分量 B_t 和法向分量 B_r，则单位轴向长度转矩表示为

$$
T = \frac{D}{2} \oint \frac{B_r B_t}{\mu_0} \mathrm{d}l
\tag{5.7}
$$

式中，D 为闭合路径的直径。

为了简化计算并提高计算精度，以整个气隙作为线积分区域，并考虑电机轴向长度，则式（5.7）可以改写为

$$
T = \frac{DL}{2g} \int_{airgap} \frac{B_r B_t}{\mu_0} \mathrm{d}x
\tag{5.8}
$$

式中：g 为气隙长度；L 为电机轴向长度。

式（5.8）考虑水平集函数并离散化后可以写为

$$
T = \frac{L}{g} \sum_{i=1}^{N_{airgap}} \frac{B_{ri} B_{ti}}{\mu_0} A_i R_i H(\phi_i)
\tag{5.9}
$$

式中：A_i 为单元 i 的面积；R_i 为单元 i 重心到电机轴心的距离；N_{airgap} 为气隙单元数目。

考虑通过伴随变量法计算灵敏度，得到

$$
\frac{\mathrm{d}F}{\mathrm{d}\boldsymbol{\alpha}} = \frac{\partial f}{\partial \boldsymbol{\alpha}} + \frac{\partial}{\partial \boldsymbol{\alpha}} [\widetilde{\lambda}^{\mathrm{T}} J(\boldsymbol{\alpha}) - \widetilde{\lambda}^{\mathrm{T}} K(\boldsymbol{\alpha}) \widetilde{\boldsymbol{\Phi}}]
\tag{5.10}
$$

设计变量 $\boldsymbol{\alpha}$ 为单元的磁阻率 ν，本算例有限元计算过程中只有永磁体激励，优化区域为定子极靴部分，由式（5.10）可以看出，目标函数和优化区域磁阻率 $\boldsymbol{\nu}$ 没有直接关系，则式（5.10）可以写成

$$
\begin{aligned}
\frac{\mathrm{d}F}{\mathrm{d}\boldsymbol{\nu}} &= 0 + \widetilde{\lambda}^{\mathrm{T}} \frac{\partial J(\boldsymbol{\nu})}{\partial \boldsymbol{\nu}} - \widetilde{\lambda}^{\mathrm{T}} \frac{\partial K(\boldsymbol{\nu})}{\partial \boldsymbol{\nu}} \widetilde{\boldsymbol{\Phi}} \\
&= 0 + 0 - \widetilde{\lambda}^{\mathrm{T}} \frac{\partial K(\boldsymbol{\nu})}{\partial \boldsymbol{\nu}} \widetilde{\boldsymbol{\Phi}} = -\widetilde{\lambda}^{\mathrm{T}} \frac{\partial K(\boldsymbol{\nu})}{\partial \boldsymbol{\nu}} \widetilde{\boldsymbol{\Phi}}
\end{aligned}
\tag{5.11}
$$

为了求取伴随变量 $\widetilde{\lambda}^{\mathrm{T}}$ ，对目标函数关于矢量磁位 $\boldsymbol{A}$ 取偏导有

$$\frac{\partial T}{\partial \boldsymbol{A}} = \frac{L}{g} \sum_{i=1}^{N_{\mathrm{airgap}}} \frac{R_i A_i}{\mu_0} \left(\frac{\partial \boldsymbol{B}_{ri}}{\partial \boldsymbol{A}} \boldsymbol{B}_{ti} + \boldsymbol{B}_{ri} \frac{\partial \boldsymbol{B}_{ti}}{\partial \boldsymbol{A}} \right) H(\phi_i) \tag{5.12}$$

在二维直角坐标系中的三节点三角形有限元剖分中，由 $\boldsymbol{B} = \nabla \times \boldsymbol{A}$ 有磁密沿 x 轴和 y 轴的分量分别为

$$\left. \begin{aligned} \boldsymbol{B}_x &= \frac{\partial \boldsymbol{A}}{\partial y} = \frac{1}{2\triangle}(b_i \boldsymbol{A}_i + b_j \boldsymbol{A}_j + b_m \boldsymbol{A}_m) \\ \boldsymbol{B}_y &= -\frac{\partial \boldsymbol{A}}{\partial x} = -\frac{1}{2\triangle}(c_i \boldsymbol{A}_i + c_j \boldsymbol{A}_j + c_m \boldsymbol{A}_m) \end{aligned} \right\} \tag{5.13}$$

式中：b_i、b_j、b_m、c_i、c_j、c_m 为由三角形单元的节点坐标决定的常数；$\triangle$ 为三角形单元面积。将直角坐标中的磁密转化为极坐标下磁密，有

$$\left. \begin{aligned} \boldsymbol{B}_r &= \boldsymbol{B}_x \sin\theta + \boldsymbol{B}_y \cos\theta \\ \boldsymbol{B}_t &= -\boldsymbol{B}_x \cos\theta + \boldsymbol{B}_y \sin\theta \end{aligned} \right\} \tag{5.14}$$

θ 为三角单元重心与 y 轴的夹角，取逆时针为正方向，对节点 i，式 (5.14) 对矢量磁位 $\boldsymbol{A}$ 取偏导，并将式 (5.13) 代入有

$$\left. \begin{aligned} \frac{\partial \boldsymbol{B}_r}{\partial \boldsymbol{A}_i} &= \frac{1}{2\triangle}c_i \sin\theta - \frac{1}{2\triangle}b_i \cos\theta \\ \frac{\partial \boldsymbol{B}_t}{\partial \boldsymbol{A}_i} &= -\frac{1}{2\triangle}c_i \cos\theta - \frac{1}{2\triangle}b_i \sin\theta \end{aligned} \right\} \tag{5.15}$$

将式 (5.14) 与式 (5.15) 代入式 (5.12)，并求解方程 (5.16) 得到伴随变量 $\widetilde{\lambda}$。

$$\boldsymbol{K}(\boldsymbol{\nu})\widetilde{\lambda} = \frac{\partial T}{\partial \boldsymbol{A}} \tag{5.16}$$

计算灵敏度时，由式 (5.11) 可以看出，需要计算刚度矩阵 $\boldsymbol{K}$ 对设计变量磁阻率 $\boldsymbol{\nu}$ 的导数，在进行有限元计算时，组装前的有限元刚度矩阵可以写成

$$k_{lh} = \frac{v}{4\triangle}(b_l b_h + c_l c_h) \tag{5.17}$$

可以看出总体刚度矩阵 $\boldsymbol{K}$ 中的各元素 k 都正比于设计变量磁阻率 v，所以式 (5.11) 中刚度矩阵对设计变量磁阻率 ν 的偏导可以写成

$$\frac{\partial k_{lh}}{\partial \alpha} = \frac{1}{4\triangle}(b_l b_h + c_l c_h) \tag{5.18}$$

将式 (5.16) 求解出的 $\widetilde{\lambda}$ 与式 (5.18) 代入到式 (5.11)，即可得到目

标函数对于设计变量的灵敏度。将式
(5.11) 得到的灵敏度作为零水平集演化
的速度场，选取合适的时间步长 t（一般
选剖分单元边长 $0.5 \sim 1.5$ 倍），即可得到
零水平集边界上节点的移动距离，如
图 5.8 所示。

零水平集根据速度场更新策略，需要
更新零水平集边界上节点 N_2 位置，则取边
界上与 N_2 临近的两个节点 N_1、N_3 连线的
垂线方向作为 N_2 的法向速度方向，根据
N_2 的移动距离可以确定 N_2 的新位置，边界
移动过程中处于零水平集边界上的离散节

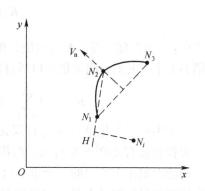

图 5.8　水平集更新与重新初始化

点数目随着曲线的演化动态变化。水平集更新完成以后需要对水平集重新初
始化为符号距离函数，如果要初始化，中节点 N_i 为零水平集边界的符号距离，
则先找出距离 N_i 最近的边界上两个节点 N_1、N_2，取 N_i 到直线 N_1N_2 的距离为
节点 N_i 到边界的距离，通过判断 N_i 与直线 N_1N_2 的垂足和 N_i 的关系可以确定
距离的正负。

优化迭代结束准则由下式确定：

$$|T_{i+1} - T_i| \leqslant \varepsilon \tag{5.19}$$

式中：ε 为足够小的正数。

具体到本例的开关磁阻电机优化中，在有限单元离散后，通过对气隙单
元磁通密度求和计算启动转矩，得

$$T_{st} = \frac{L}{g} \sum_{i=1}^{N_{airgap}} \frac{\boldsymbol{B}_{ri}\boldsymbol{B}_{ti}}{\mu_0} A_i R_i H(\phi_i) \tag{5.20}$$

进而得到转矩对矢量磁位 A 的偏导数，如式（5.21）所示，用于后边的伴随
变量计算。

$$\frac{\partial T_{st}}{\partial \boldsymbol{A}} = \frac{L}{g} \sum_{i=1}^{N_{airgap}} \frac{A_i R_i}{\mu_0} \left(\frac{\partial \boldsymbol{B}_{ri}}{\partial \boldsymbol{A}} \boldsymbol{B}_{ti} + \frac{\partial \boldsymbol{B}_{ti}}{\partial \boldsymbol{A}} \boldsymbol{B}_{ri} \right) H(\phi_i) \tag{5.21}$$

水平集函数通过数值方法求解 Hamilton-Jacobi 方程得到

$$\frac{\partial \phi(x(t),\ t)}{\partial t} + \boldsymbol{V}_n |\Delta\phi| = 0 \tag{5.22}$$

式中：$\boldsymbol{V}_n$ 为零水平集边界的法向速度矢量，计算优化目标函数对设计变量磁
阻率的灵敏度得

$$\boldsymbol{V}_n = -\frac{\mathrm{d}F(\boldsymbol{A},\ \phi)}{\mathrm{d}\boldsymbol{\nu}} = \hat{\lambda}^{\mathrm{T}} \frac{\partial \boldsymbol{K}(\boldsymbol{\nu})}{\partial \boldsymbol{\nu}} \tag{5.23}$$

$$K(\boldsymbol{\nu})\hat{\lambda} = \frac{\partial T_{st}}{\partial A} \tag{5.24}$$

式中：$\hat{\lambda}$ 为伴随变量；K 为电磁分析中的刚度矩阵；$\boldsymbol{\nu}$ 为磁阻率。优化区域中第 $i+1$ 个单元的磁阻率值可以通过插值得到：

$$\nu_{i+1}^e = \Big[\sum_{m=1}^{3}(H(\phi_i(x,\ t)))/3\Big]^p \cdot \nu_i^e \tag{5.25}$$

本书所述优化策略通过有限元分析软件 ANSYS 和 FORTRAN 程序实现，主要操作流程如图 5.9 所示。迭代终止条件为前后两次迭代的转矩计算值之差的绝对值小于给定的一个很小的数 ε。图 5.10 所示为零水平集边界线在法向速度矢量的驱动下进行演化的过程。图中，中间插值单元的材料属性通过式（5.12）计算。

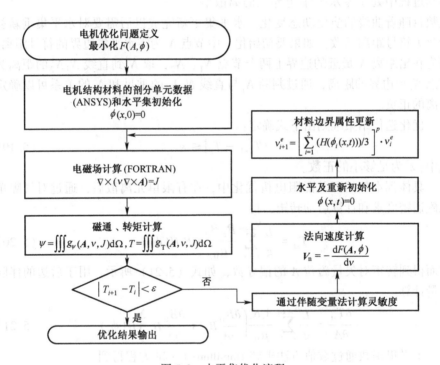

图 5.9　水平集优化流程

■5.2.3　优化结果分析

为了验证优化策略的有效性，对一台两相 4/2 极开关磁阻电机样机进行转子凸极结构优化。主要结构参数见表 5.1。

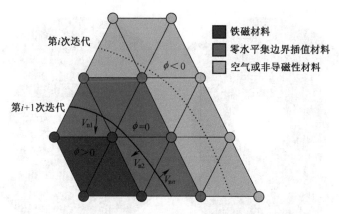

图 5.10　零水平集边界演化示意图

表 5.1　样机参数

参　　数	数　值	参　　数	数　值
定子外径/mm	80	转子凸极系数/rad	1.8
转子外径/mm	30	气隙长度/mm	0.3
铁芯长度/mm	60	定子轭厚度/mm	7
定子凸极系数/rad	0.8	转子轭厚度/mm	6

　　图 5.11（a）所示为算例开关磁阻电机转子凸极结构的初始形状；图 5.11（b）所示为水平集拓扑优化过程中的第 1 次迭代优化结果。图中，深色表示铁磁材料，浅色表示空气；图 5.11（c）所示为水平集拓扑优化过程中的第 3 次迭代优化结果；图 5.11（d）所示为水平集拓扑优化过程中的第 5 次迭代优化结果；图 5.11（e）所示为水平集拓扑优化过程中的第 7 次迭代优化结果；图 5.11（f）所示为变密度优化结果；从图 5.11（f）中可以看出变密度法优化后极靴有很多孤岛形式的铁磁材料存在，这种材料分布在实际情况中是不可能存在的，与之相反，图 5.11（e）中使用水平集法得到的定子极靴形状有效地避免了棋盘格局的出现，优化后边界形状更加光滑。从图 5.11（a）~（f）比较可以看出，变密度法在对电机极靴优化中产生了数值奇异解，即变密度法固有的棋盘格局。结果表明，水平集优化方法可以克服变密度法中存在的棋盘格现象、灰度单元等问题，更适合于电机的拓扑结构优化设计。

　　图 5.12 所示为优化前后的两相开关磁阻电机转子磁通磁力线分布。图 5.13 所示为优化前后的两相开关磁阻电机转子磁通云图分布。图 5.14 所示为优化前后的两相开关磁阻电机电感曲线比较。图 5.15 所示为优化前后的两相开关磁阻电机磁链特性曲线。图 5.16 所示为优化前后的两相开关磁阻电机输出转矩。图 5.17 所示为优化迭代过程中的两相开关磁阻电机径向电磁力与电磁转矩的变化。

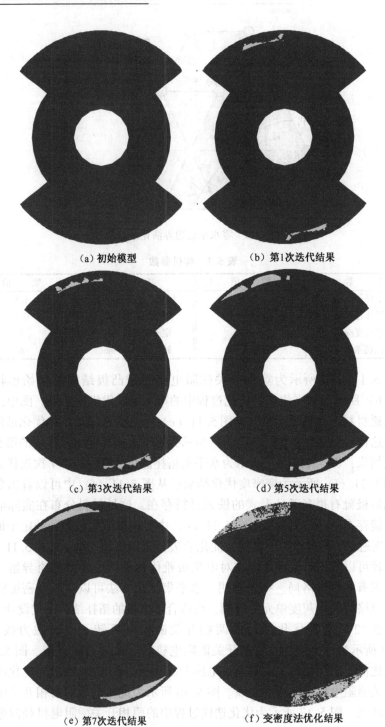

(a) 初始模型　　　　　　　(b) 第1次迭代结果

(c) 第3次迭代结果　　　　　(d) 第5次迭代结果

(e) 第7次迭代结果　　　　　(f) 变密度法优化结果

图 5.11　水平集优化结果与变密度法优化结果比较

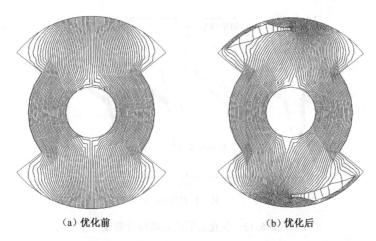

（a）优化前　　　　　　　　　　　　（b）优化后

图 5.12　优化前后转子磁通磁力线分布

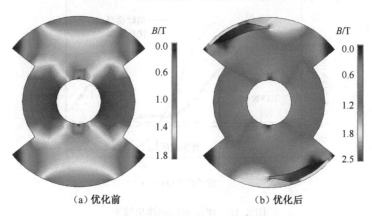

（a）优化前　　　　　　　　　　　　（b）优化后

图 5.13　优化前后转子磁通云图分布

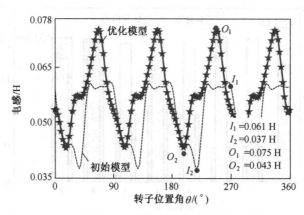

图 5.14　优化前后电感曲线

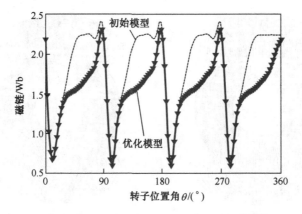

图 5.15 优化前后的磁链特性曲线

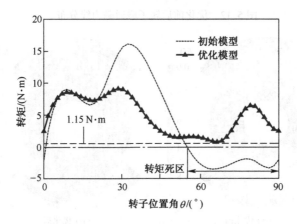

图 5.16 优化前后的输出转矩

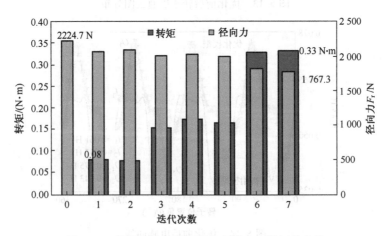

图 5.17 优化迭代过程中径向电磁力与转矩的变化

从图 5.17 中可以看出，经过水平集优化后的两相开关磁阻电机的转矩死区消失了，可见其启动性能得到了较大的改善。

5.3　水平集在四相 8/6 极开关磁阻电机优化中的应用

转矩脉动是开关磁阻电机的一个主要问题，尤其是在低速时，会引起振动和噪声。本节采用水平集方法，以转矩脉动最小为目标，研究开关磁阻电动机转子的最优拓扑结构。转子域的非线性铁磁材料边界通过嵌入水平集函数隐式表示。将该方法应用于材料在设计领域的最优分布，使平均转矩最大化，转矩脉动最小。在优化目标函数中，选取铁磁材料的磁阻性作为设计变量。法向速度由灵敏度分析导出，其中采用伴随变量法。采用二维有限元法计算了电机的电磁参数，对电磁场与电路耦合的瞬态分析结果表明，优化后的转子结构能有效地减小转矩脉动。

开关磁阻电机的一个主要缺点是转矩脉动严重，特别是在低速运行时，会产生强烈的振动和噪声。众所周知，开关磁阻电机的运行性能在很大程度上取决于定子和转子磁极的几何形状。近年来，国内外学者对开关磁阻电机的转矩脉动抑制策略进行了广泛的研究，如新型电机结构、定子和转子极点优化、角位置控制策略、直接转矩控制策略或最优相电流智能算法等。

对开关磁阻电机的气隙长度、转子极弧长、定子极弧长等几何参数进行了尺寸和形状优化设计。然而，与拓扑优化相比，尺寸和形状优化提供了较少的设计灵活性，因为拓扑优化方法的目的是通过分配材料来寻找结构的最优布局。在前面章节中，采用基于水平集法的拓扑优化方法，得到了高速两相 4/2 极开关磁阻电机启动转矩的最优特性。

本节的设计目标是确定铁磁材料的最佳分布，使四相 8/6 极开关磁阻电机低速运行时的平均转矩最大，转矩脉动最小。优化中使用二维有限元分析（FEA）计算电磁场，并充分利用水平集方法来表示和驱动材料边界的演化过程。采用 Maxwell 软件对开关磁阻电机系统进行了瞬态电磁分析和电路耦合仿真，结果用于验证优化后开关磁阻电机结构的有效性。图 5.18（a）描述了具有绕组分布的四相 8/6 极开关磁阻电机的剖面图，图 5.18（b）显示了定子和转子硅钢片铁芯的 B-H 曲线。

■5.3.1　水平集边界描述

根据有限元后处理计算出的灵敏度信息构造出水平集边界法向速度场代

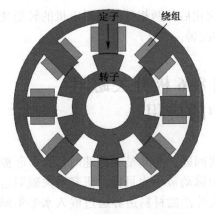

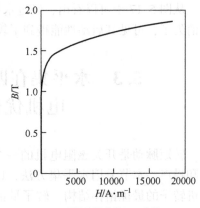

(a) 四相8/6极开关磁阻电机的剖面图 　　　　(b) 硅钢片铁芯的B-H曲线

图5.18　四相8/6极开关磁阻电机结构与铁磁材料特性

入式（5.23）并求解，可以得到材料边界的演化情况，通过边界演化更新材料边界并重新构造有限元刚度矩阵可以实现迭代计算。根据更新后的材料边界重新构造有限元刚度矩阵时通常有两种方法：①应用参数化技术，对材料边界部分进行自适应加密剖分或者根据更新后的材料边界修改几何模型并重新剖分；②动态改变边界所在有限单元的电磁材料特性。前一方法对材料边界描述准确，但计算量大且数值实现较复杂，后一方法不需要修改有限元剖分，操作相对简单，但描述精度不及方法①。本书选择方法②用于有限元刚度矩阵的重新构造。

用符号 β 表示单元材料磁属性，此时需要用到阶跃函数（heaviside function）及其对符号距离函数 ϕ 的导数

$$\begin{cases} H(\phi(x,\ t)) = \begin{cases} 1,\ \phi \geqslant 0 \\ 0,\ \phi < 0 \end{cases} \\ \delta(x,\ t) = H'(\phi(x,\ t)) \begin{cases} = 0,\ \phi \neq 0 \\ \neq 0,\ \phi = 0 \end{cases} \end{cases} \tag{5.26}$$

式中：$H(\phi(x,\ t))$ 用于区分优化区域材料的实体区域和非实体区域，$\delta(x,\ t)$ 用于区分边界和非边界。

在第 $i+1$ 次迭代中，材料边界跨接与三角剖分单元 e 上，则该单元的磁属性 β_{i+1}^e 作为线性材料对待，可以根据该单元前一次迭代的材料磁属性 β_i^e 按下式调整

$$\beta_{i+1}^e = \Big[\sum_{i=1}^{3} (H(\phi_i(x,\ t)))/3 \Big]^n \cdot \beta_i^e \tag{5.27}$$

式中，惩罚系数 $2 \leqslant n \leqslant 4$。图5.19给出了水平集演化过程中材料边界的驱动描述。

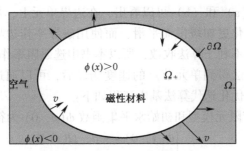

图 5.19　材料边界的驱动描述

　　实际在对开关磁阻电机的转子凸极优化中材料属性可以选相对磁导率，也可以选相对磁阻率，由于本书将零水平集边界上的有限元剖分单元视为线性材料，单元磁属性值由插值方法得到。当在二维直角坐标系 (x, y) 平面上磁场求解用矢量磁位 $\boldsymbol{A}_z$ 求解时，泊松方程为

$$\frac{\beta \partial^2 \boldsymbol{A}_z}{\partial x^2} + \frac{\beta \partial^2 \boldsymbol{A}_z}{\partial y^2} = - J + \nabla \cdot \boldsymbol{M} \tag{5.28}$$

式中，β 可为磁阻率 ν，也可为磁导率的倒数 $1/\mu$，对应水平集边界上插值单元磁属性值分别有

$$\beta = \nu = \Big[\sum_{i=1}^{3} (H(\phi_i(x, t))) / 3 \Big]^n \cdot \nu_i^e = \rho^n \cdot \nu_i^e \tag{5.29}$$

$$\beta = \frac{1}{\mu} = \frac{1}{\Big[\sum_{i=1}^{3} (H(\phi_i(x, t))) / 3 \Big]^n \cdot \mu_i^e} = \frac{1}{\rho^n \cdot \mu_i^e} \tag{5.30}$$

　　式（5.29）与式（5.30）对应的插值图分别如图 5.20（a）和（b）所示。

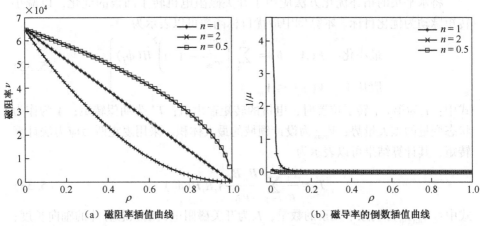

（a）磁阻率插值曲线　　　　　　　　（b）磁导率的倒数插值曲线

图 5.20　边界单元材料插值曲线

比较图 5.20（a）和（b）可以看出，在边界单元上，使用磁阻率作插值边界单元的属性变化更加缓慢而平滑，而使用磁导率作边界单元插值时单元磁阻率变化剧烈，不利于算法收敛，所以本书中选磁阻率作为优化变量。

利用伴随变量法得到单元节点的速度场以后，可以通过迭代计算推进水平集边界的前进，优化迭代算法基本流程如下：

（1）初始化有限元模型和初始水平集函数 $\phi(x, 0)$ 为符号距离函数，即

$$\phi(x, 0) = \begin{cases} \phi(x, 0) = + d, & \Omega(t) \text{ 中} \\ \phi(x, 0) = 0, & \partial\Omega \text{ 上} \\ \phi(x, 0) = - d, & R^n \setminus \overline{\Omega}(t) \text{ 中} \end{cases} \tag{5.31}$$

式中：d 为求解水平集方程的差分节点到材料边界的最小距离，节点在优化区域内部为正，节点在优化区域外则为负。

（2）静态非线性有限元分析，计算目标函数并判断结果是否收敛，收敛则转到（6）。

（3）伴随变量法计算水平集边界灵敏度信息即速度场。

（4）根据零水平边界上节点法向速度场和时间步长 t 更新零水平集，即边界节点运动位移为 $V_n \cdot t$。

（5）重新初始化水平集，为了保证水平集函数 $\phi(x, t)$ 始终满足符号距离函数，零水平集演化推进后需要重新将整个求解区域按式（5.31）初始化为符号距离函数，返回到（2）。

（6）优化迭代停止。

■5.3.2　算例优化目标函数

将水平集的拓扑优化方法应用于开关磁阻电机转子凸极的优化，以减小转矩脉动为优化目标。本算例中最优目标函数可以表示为

$$\text{最小化} \quad F(\boldsymbol{A}, \phi) = \sum_{j=1}^{n} \left\{ \left(\frac{T_j}{T^*} - 1.0 \right)^2 H(\phi_j) \right\} \tag{5.32}$$
$$\text{服从于} \quad V(\phi) \leq V_{\max}$$

式中：T_j 为第 j 个转子位置时，电机的转矩输出值；T^* 为期望转矩；$\boldsymbol{A}$ 为作为状态变量的磁矢量势；$V_{\max}$ 为设计领域的最大体积。采用麦克斯韦应力法计算转矩，其计算结果可以表示为

$$T_j = \frac{L_t}{g} \sum_{i=1}^{N_{\text{airgap}}} \frac{\boldsymbol{B}_{ri}\boldsymbol{B}_{ti}}{\mu_0} A_i R_i H(\phi_i) \tag{5.33}$$

式中：N_{airgap} 为气隙中元素的数量；L_t 为开关磁阻电机的铁芯叠片的轴向长度；g 为在对齐位置上转子与定子之间的气隙长度；B_{ri}、B_{ti} 分别为磁通密度的径

向和切向分量；A_i 为每个单元的面积；R_i 为从这个元素的重心到原点的半径距离。由此导出了转矩与 A 的偏导数

$$\frac{\partial T_j}{\partial \boldsymbol{A}} = \frac{L_t}{g} \sum_{i=1}^{N_{airgap}} \frac{A_i R_i}{\mu_0} \left(\frac{\partial \boldsymbol{B}_{ri}}{\partial \boldsymbol{A}} \boldsymbol{B}_{ti} + \frac{\partial \boldsymbol{B}_{ti}}{\partial \boldsymbol{\Lambda}} \boldsymbol{B}_{ri} \right) H(\phi_i) \qquad (5.34)$$

5.3.3　灵敏度分析

优化算法可以分为启发式优化算法和确定式优化算法，各类确定性优化算法都需要求取目标响应对变量的一阶导数或二阶导数，即灵敏度分析，它表征了形状优化变量或拓扑优化变量的改变对结构的状态响应量的影响程度。Edward J. Haug 在其专著中对灵敏度在结构系统分析中的应用做了系统的论述，并将灵敏度分析分为离散化方法进行的灵敏度分析和从数学角度应用泛函变分方法进行的灵敏度分析，Dong-hun Kim 和 Semyung Wang 借鉴结构系统中基于泛函变分灵敏度分析，分别将灵敏度分析应用到了电磁装置的形状优化和拓扑优化当中。优化算法的选择正确与否直接关系到计算机计算效率的高低问题。

在开关磁阻电机的电磁计算中，其磁场的控制方程表示为

$$\boldsymbol{KA} = \boldsymbol{J} \qquad (5.35)$$

式中：$\boldsymbol{K}$、$\boldsymbol{J}$ 分别为刚度矩阵和电流密度。为节省有限元法在灵敏度分析中的计算时间，引入伴随变量 λ 描述伴随系统的控制方程，其方程如下：

$$\boldsymbol{K}(\boldsymbol{\nu})\lambda = \frac{\partial F}{\partial \boldsymbol{A}} \qquad (5.36)$$

通过对伴随变量的计算（伴随变量计算的相关方法在此省略），得到目标函数对状态变量 $\boldsymbol{A}$ 的灵敏度如下：

$$\frac{\mathrm{d}F}{\mathrm{d}\boldsymbol{\nu}} = -\lambda^T \frac{\partial \boldsymbol{K}(\boldsymbol{\nu})}{\partial \boldsymbol{\nu}} \boldsymbol{A} \qquad (5.37)$$

因此，法向驱动速度表示为

$$V_n = -\frac{\mathrm{d}F(\boldsymbol{A}, \phi)}{\mathrm{d}\boldsymbol{\nu}} \qquad (5.38)$$

式中：法向速度为零水平集边界法线方向的速度分量，如图 5.19 所示，它用来驱动拟演化的边界以求最优结果。

5.3.4　算例优化计算

为进一步验证该优化策略，以某四相 8/6 极开关磁阻电机为例进行了分析。表 5.2 列出了这台电机的主要参数。所需的体积 V_{max} 设置为 55%，在设计领域，以转子在 2.5°～20° 的 8 个角度位置作为计算实例，计算步长为

2.5°。目标期望 T^* 被设置为 12.5 N·m。控制策略为电流斩波控制，斩波电流为 10 A。

表 5.2 四相 8/6 极开关磁阻电机的主要参数

参　　数	数　　值	参　　数	数　　值
定子外径/mm	210	电机直径/mm	50
转子外径/mm	115	定子轭高/mm	13.7
轴向长度/mm	105	转子轭高/mm	14.9
气隙长度/mm	0.4	定子槽深/mm	34.4
定子凸极弧长/rad	0.36	转子槽深/mm	17.1
转子凸极弧长/rad	0.40	绕组匝数	117

转矩脉动是开关磁阻电机产生振动和噪声的主要原因，特别是在低速运行过程中。为了更好、更全面地了解转矩脉动，将转矩脉动系数定义为

$$T_{\text{ripple}} = \frac{T_{\max} - T_{\min}}{T_{\text{av}}} \times 100\% \tag{5.39}$$

式中：$T_{\max}$ 为最大转矩值，$T_{\min}$ 为最小转矩值；T_{av} 为扭矩平均值。该定义可以反映转矩脉动的大小。

采用二维有限元法对电机结构进行网格化，计算了电机的磁矢量势、磁通密度、电感、转矩等电磁参数。对转子磁极设计领域的网格单元进行了细化。开关磁阻电机的整个溶液域由 18 698 个元件和 9 362 个节点组成，包括定子、转子和气隙。如图 5.21 所示，在设计领域的一个显著极中有 2 056 个

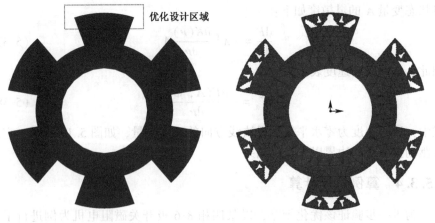

　　　　(a) 优化前　　　　　　　　　　　　(a) 优化后

图 5.21　优化前后的转子结构图

单元，其中图 5.21（a）和（b）分别在初始模型和优化模型中呈现转子结构。图 5.22 示出了利用转子极点放大视图描述的基于水平集优化所选迭代的演化解。在优化过程中，材料性能的零点集和边界演化是由法向速度驱动的。在此基础上，实现了铁磁材料与空气材料之间边界性质的插值。优化后的几何结构可直接导出到 CAD 系统中。优化结果对初始概念阶段的电机设计具有一定的指导意义。

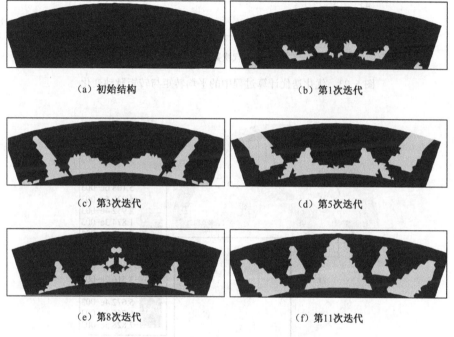

（a）初始结构　　　　　　　　　　　　（b）第1次迭代

（c）第3次迭代　　　　　　　　　　　　（d）第5次迭代

（e）第8次迭代　　　　　　　　　　　　（f）第11次迭代

图 5.22　优化迭代计算中的凸极拓扑结构演化

　　图 5.23 给出了每个迭代步骤中平均转矩和转矩脉动的最优解。值得指出的是：在优化开始时，平均转矩的幅值有所下降。但在优化迭代第 10 次结束时，平均扭矩达到较高的 $T_{av} = 12.5$ N·m。从第 1 次迭代到第 5 次迭代优化开始时，转矩脉动得到了很大的减小。然而，由于设计领域中所需的体积约束的影响，经过多次迭代，波纹会增加。在优化过程中，转矩脉动达到最小值 2.6%。

　　为了进一步分析优化后的四相 8/6 极开关磁阻电机系统的动态运行性能，本章利用 Maxwell 软件对优化后的开关磁阻电机进行了瞬态分析，验证了优化后的开关磁阻电机运行和动态特性的有效性。图 5.24 和图 5.25 分别描述了具有优化转子结构的磁通与磁通密度云图的分布。在优化域

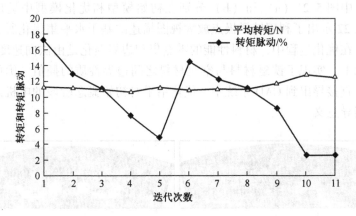

图 5.23   优化迭代计算过程中的平均转矩与转矩脉动变化

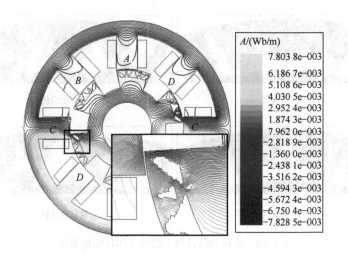

图 5.24   优化后电机磁通分布

中，图 5.24 中的放大视图，磁通分布与初始开关磁阻电机不同。图 5.26 示出了该电机的四相驱动电路。输入电压为 200 V。这里，LWindingA、B、C 和 D 分别连接了电磁计算单元域中的绕组。图 5.27 显示了电流展波控制下初始模型和最优模型下的动态转矩波形，可见经过水平集优化后，转矩脉动得到了有效的减小。此外，优化后的平均扭矩也提高了 12%左右。然后，采用速度、各绕组相电流、磁通、转矩等水平集方法，对开关磁阻电机系统的电磁特性进行了瞬态仿真，比较了初始模型和优化模型的电磁特性。

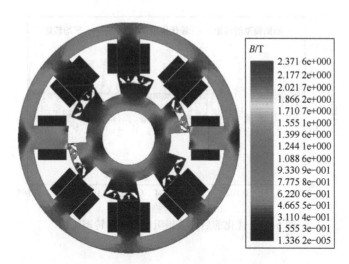

图 5.25　优化后电机磁通密度云图

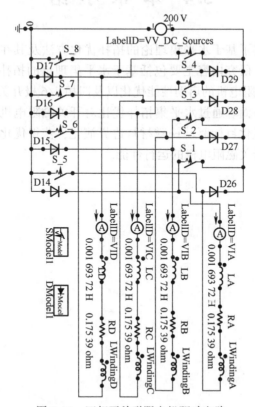

图 5.26　四相开关磁阻电机驱动电路

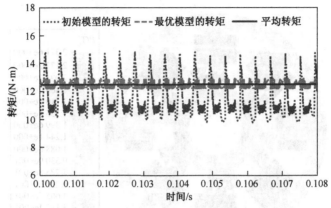

图 5.27　优化前后开关磁阻电机动态转矩比较

5.4　本 章 小 结

本章重点阐述了基于水平集理论的拓扑优化方法及其在开关磁阻电机凸极结构中的优化。研究内容主要包括基于水平集理论的拓扑优化方法，两相 4/2 极高速开关磁阻电机的启动性能优化以及四相 8/6 极开关磁阻电机转矩脉动问题优化三个方面。通过水平集拓扑优化对开关磁阻电机的凸极边界进行重新描述，依据优化目标驱动铁磁材料边界演化，获得优化的参数和凸极形状，进一步改善开关磁阻电机的运行性能。

第6章

开关磁阻电机振动抑制及转子偏心特性分析

　　开关磁阻电机结构不同于传统交、直流电机，呈现明显的双凸极结构，运行时由脉冲电流供电，其磁场不是圆形旋转磁场，而是具有强非线性与饱和特性的步进磁场，致使产生的电磁径向力和输出转矩具有周期脉动性。电磁振动是开关磁阻电机系统振动问题研究的一个重要方面，随着电磁振动的加剧，产生的噪声也会更大，严重影响电机的运行性能。引起电机电磁振动的原因主要是电磁径向力和转矩脉动两个方面。影响开关磁阻电机电磁振动的另一个重要方面是转矩脉动。在电机的运行过程中，电磁径向力和输出转矩都存在严重的脉动性，而且都会引起强烈的电磁振动和噪声。图6.1所示为比较常用的四相8/6极开关磁阻电机径向振动力学模型与外控制电路简图，实际上，可以从电机本体设计和外围驱动控制两个方面进行振动抑制策略研究。有国内外学者从结构设计和控制策略的角度对转矩脉动进行了研究。其中有学者提出调节电流策略，通过神经网络与模糊控制策略来优化相电流波形来抑制转矩脉动。由于研究中需要在线检测的参数比较多，增加了控制器的

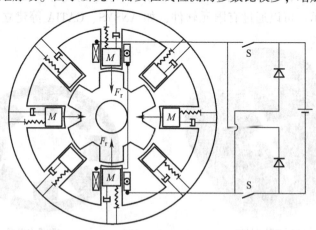

图6.1　四相8/6极开关磁阻电机径向振动力学模型及外控制电路简图

设计难度和复杂度。本章基于前面章节中建立的开关磁阻电机电磁力学特性模型，重点针对其振动抑制策略问题进行分析，同时考虑电机转子偏心后对电机电磁力学特性的影响进行论述。

6.1 开关磁阻电机振动分析

■6.1.1 定子振动原理与模态分析

基于 Hamilton 原理，电机振动系统运动方程可以表述为

$$M\ddot{x}(t) + C\dot{x}(t) + Kx(t) = F_r \tag{6.1}$$

式中：M 为惯性矩阵；C 为阻尼矩阵；K 为结构刚度矩阵，三个系数矩阵分别通过计算单元惯性矩、单元阻尼矩和单元刚度矩得到；F_r 为非保守广义力列向量。对于定子固有频率进行求解时，视其为自由振动（$F_r=0$），则解为

$$x(t) = e^{j\omega t}\phi \tag{6.2}$$

将式（6.2）代入式（6.1），求解方程为

$$(K - \omega^2 M)e^{j\omega t}\phi = 0 \tag{6.3}$$

式中：ω 为无阻尼固有频率；ϕ 为模态向量，特征向量 $e^{j\omega t}\phi$ 表示为第 n 阶模态的角频率。若使式（6.3）存在非零解，必须有

$$|K - \omega^2 M| = 0 \tag{6.4}$$

通过求解方程式（6.3）和式（6.4）可以得到定子的各阶固有频率和相应的模态向量。针对单相通电绕组、定子的有限元模型和二阶固有模态振型如图 6.2 所示。可以通过有限元软件，如 ANSYS、CATIA 等建立三维模型进行分析。

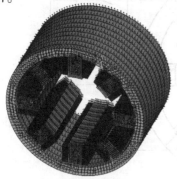
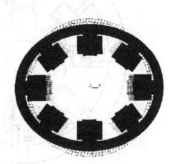

（a）有限元模型　　　　　　　　　　　（b）二阶模态振型

图 6.2　开关磁阻电机定子及绕组有限元模型和二阶模态振型

利用有限元分析软件 ANSYS 进行模态分析时，有七种提取模态的方法，即分块 Lanczos 法、子空间法、PowerDynamics 法、缩减法、非对称法、阻尼法和 QR 阻尼法。其中分块 Lanczos 法、子空间法、PowerDynamics 法和缩减法是常用的四种模态提取方法。

分块 Lanczos 法特征值求解器是默认求解器，采用 Lanczos 算法利用一组向量实现 Lanczos 递归计算。无论 EQSLV 命令指定过何种求解器进行求解，分块 Lanczos 法都将自动采用稀疏矩阵方程求解器。采用分块 Lanczos 方法计算时，求解从频谱中间位置到高频端范围内固有频率时求解收敛速度和求解低阶频率时几乎一样快。通常在模型中包含形状较差的实体和壳单元时采用此法，最适合于壳或壳与实体组成的模型。

子空间法采用子空间迭代技术，内部使用广义 Jacobi 迭代算法。该方法利用完整的 $[K]$ 与 $[M]$ 矩阵，计算精度很高，但计算速度较慢。如果进行模态分析的模型中含有大量的约束方程，利用子空法提取模态时应当采用波前（front）求解器，或使用分块 Lanczos 法提取模态。该方法适用于较好的实体及壳单元组成的模型。

PowerDynamic 法内部采用子空间迭代计算，但采用 PCG 迭代求解器。计算速度比子空间法和分块 Lanczos 法快。但是当模型中包含形状较差的单元或病态矩阵时可能出现问题不收敛。该方法利用集中质量近似算法，适用于提取大模型的少数阶模态，对于网格较粗的模型只能得到频率近似值。采用该方法时后续不能进行谱分析和 PSD 分析。

缩减法利用 HBI 算法（热平衡积分方法）计算特征值和特征向量。该方法利用一个较小的自由度子集（主自由度）来计算，计算速度快。但主自由度导致计算过程中会形成精确的 $[K]$ 与近似的 $[M]$ 矩阵，计算结果取决于质量矩阵 $[M]$ 的近似程度。

本节仍以前述 8/6 极开关磁阻电机样机为例，利用有限元分析软件 ANSYS 分别对开关磁阻电机的两种模型，即模型 Ⅰ（定子结）、模型 Ⅱ（定子与外壳结构），进行三维模态分析。网格剖分后的有限元模型如图 6.3 所示。开关磁阻电机的材料属性见表 6.1。

在对开关磁阻电机进行三维建模后，需要对其进行加载和求解。对模型 Ⅰ 进行模态分析时，不加任何约束，即计算定子自由振动状态的固有频率和振型；对模型 Ⅱ 进行模态分析时，对机壳底座螺栓表面添加固定约束。

模型加载后还需要对模态扩展进行设置。三维模型的扩展模态设置为 30，频率范围设置为人耳敏感的频率段 20 Hz ~ 20 kHz，模态提取方法根据上述方法选取分块 Lanczos 方法。

（a）模型Ⅰ   （b）模型Ⅱ

图 6.3 网格剖分后的开关磁阻电机定子与机壳模型

表 6.1 开关磁阻电机各部件的材料属性

部件	弹性模量/(N/m²)	密度/(kg/m³)	泊松比
机壳	1.15E11	7 000	0.25
铁芯	2.058E11	0.95×7 750	0.25

利用 ANSYS 获得的模型Ⅰ的 30 阶扩展模态的模态频率见表 6.2。

表 6.2 模型Ⅰ模态频率

扩展模态	频率/Hz	扩展模态	频率/Hz
1	722.5	16	5 233.2
2	722.7	17	5 937.7
3	1 486.3	18	6 015.2
4	1 486.4	19	6 017.8
5	1 870.1	20	6 113.2
6	1 871.3	21	6 113.4
7	2 853.0	22	6 200.3
8	3 111.6	23	6 202.4
9	3 112.1	24	6 325.8
10	3 962.1	25	6 643.1
11	4 311.0	26	6 645.5
12	4 894.4	27	7 436.6
13	4 894.8	28	8 130.4
14	4 927.7	29	8 411.7
15	4 933.2	30	8 414.0

　　模型Ⅰ的主要低阶模态振型及频率如图 6.4 所示，其中左侧为定子截面视图，右侧为定子模态三维视图。除此之外三维定子模型由于存在轴向长度，其定子模型由于轴向变形，导致定子三维模态变形情况比二维变形较多，对于其他变形情况本书不再一一展示。

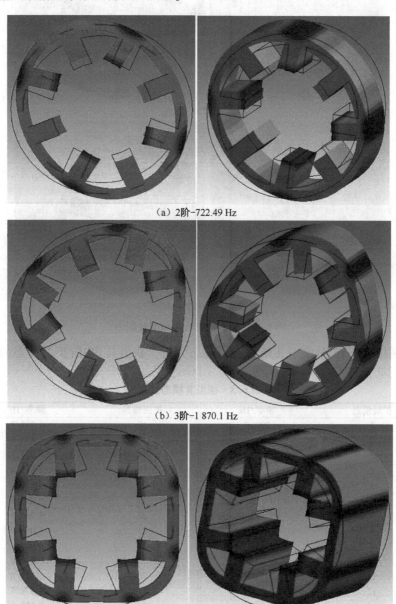

(a) 2阶-722.49 Hz

(b) 3阶-1 870.1 Hz

(c) 4阶-2 853 Hz

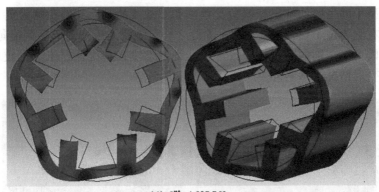

(d) 5阶–4 927.7 Hz

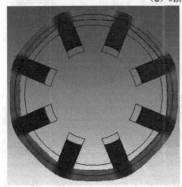 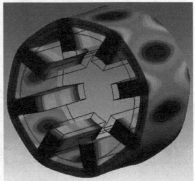

(e) 0阶–6 325.8 Hz

图 6.4　定子模型低阶振型及频率

利用 ANSYS 对模型 Ⅱ 结构进行模态分析，获得其 30 阶扩展模态的模态频率，见表 6.3。

表 6.3　模型 Ⅱ 模态频率

扩展模态	频率/Hz	扩展模态	频率/Hz
1	292.0	16	4 392.7
2	310.3	17	4 838.6
3	718.2	18	4 979.1
4	723.2	19	4 985.4
5	732.6	20	5 551.2
6	1 338.3	21	5 698.8
7	1 495.1	22	5 960.3
8	1 524.8	23	6 085.0
9	2 286.8	24	6 153.2
10	2 534.7	25	6 696.9
11	3 153.1	26	6 739.8
12	3 181.4	27	7 078.7
13	3 918.8	28	7 255.3
14	4 250.6	29	7 488.6
15	4 284.0	30	7 706.7

模型 II 的部分模态振型及频率如图 6.5 所示，其中左侧为模型 II 截面视图，右侧为模型 II 模态三维视图。除此之外，由于模型 II 的三维模型中存在电机外壳、散热筋及轴向长度，导致模型 II 的三维模态变形情况比模型 I 变形较多，因此图 6.5 只展示对电机结构影响较大的模态振型及频率，对于其他变形情况本书不再一一展示。

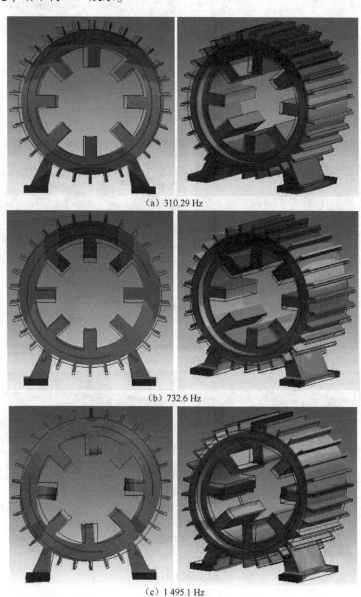

(a) 310.29 Hz

(b) 732.6 Hz

(c) 1 495.1 Hz

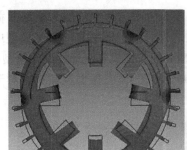

（d）3 153.1 Hz

（e）4 838.6 Hz

（f）5 698.8 Hz

（g）5 960.3 Hz

（h）7 078.7 Hz

图 6.5　定子与机壳模型部分振型及频率

　　通过利用 ANSYS 有限元分析软件对开关磁阻电机定子结构模型Ⅰ和定子与机壳结构模型Ⅱ进行模态分析，计算得到了电机定子结构、定子与机壳结构的模态振型和固有频率，为研究开关磁阻电机的振动特性问题及电机结构的优化提供了一定参考。

■6.1.2　考虑不同转子位置的电磁径向力分析

　　由于开关磁阻电机是属于磁阻性质的双凸极电机，在系统振动分析和计算过程中，激振力 F_r 的非线性特性不能忽略。根据虚位移原理，经推导后的径向力近似表达式为

$$F_r(\theta,\ l_g,\ i) = -\frac{1}{2}i^2\frac{L(\theta,\ i)}{l_g} \tag{6.5}$$

式中：θ 为转子位置角；l_g 为定转子间的气隙长度；i 为绕组供电电流；L 为相绕组电感。

假设定、转子凸极为两个具有相对运动的质心，根据图 6.6 中定、转子间电磁力的矢量变化关系和转子位置的几何关系，任意时刻气隙长度可以通过下式计算。

$$
\begin{aligned}
l_g^2 &= (r + a)^2 \sin^2\theta + \left[\,(r + a)\cos\theta - r\,\right]^2 \\
&= (r + a)^2 - 2(r + a)r\cos\theta + r^2
\end{aligned}
\tag{6.6}
$$

式中：r 为转子凸极质心所在圆周半径；a 为定、转子凸极对齐位置质心间的距离。实际上，由于定、转子对齐位置时的气隙长度远小于定子外径尺寸，所以，a 可以忽略不计，即 $a = 0$，则

$$
l_g^2 = 2r^2(1 - \cos\theta)
\tag{6.7}
$$

则任意转子角位置的气隙长度

$$
l_g = r\sqrt{2(1 - \cos\theta)}
\tag{6.8}
$$

将式（6.8）代入式（6.5），得到径向力的解析式

$$
F_r = -\frac{1}{2}i^2\frac{L(\theta,\ i)}{r\sqrt{2(1 - \cos\theta)}}
\tag{6.9}
$$

从式（6.9）可以看出，开关磁阻电机径向力与电流、转子位置角、电感间存在复杂的非线性关系。而且从表达式还可以看出，径向力为转子位置角余弦的开方的函数，使径向力具有较严重的脉动性，加剧电磁振动与噪声的影响。图 6.6 所示为开关磁阻电机定、转子间电磁力矢量关系。图 6.7 所示为四相 8/6 极开关磁阻电机有限单元剖分结构图。图 6.8 所示为电机转子凸极受到径向电磁力矢量图。

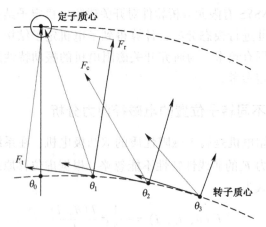

图 6.6　开关磁阻电机定、转子间电磁力矢量关系

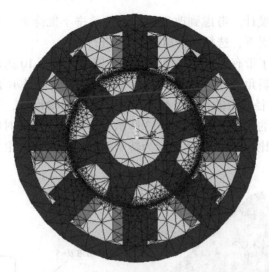

图 6.7　四相 8/6 极开关磁阻电机有限单元剖分结构图

图 6.8　电机转子凸极受到径向电磁力矢量图

6.2　开关磁阻电机振动抑制策略

■ 6.2.1　转子斜槽结构改进

为了减小电磁径向力的突变和脉动分量，采用斜槽结构对开关磁阻电机的转子进行改进设计。考虑到改进后的电机效率不能降低，并且在不影响其他结构参数的前提下，选择斜槽角度 $\theta = 5°$ 进行分析。

图 6.9 显示了带有斜槽的三维改进转子模型。图 6.10 为改进斜槽转子的二维视图，其中斜角为 $0° \sim 5°$。图 6.11 和图 6.12 分别显示了斜角 $0°$（直槽角）和斜角 $5°$ 时径向力的特性。然而，对于最优斜槽设计，适当的斜角将满足不应降低效率的重要需要。图 6.13 所示为不同转子斜槽时的电机一相径向电磁力瞬态特性比较。图 6.14 所示为转子斜槽、直槽时的电机四相径向电磁力瞬态特性比较。

图 6.9 带有斜槽的三维改进转子模型

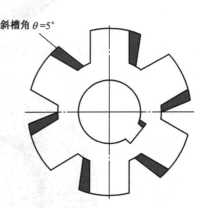

图 6.10 改进斜槽转子的二维视图

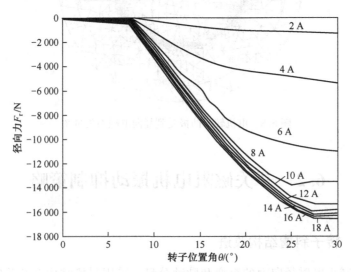

图 6.11 转子直槽时的电机径向电磁力特性

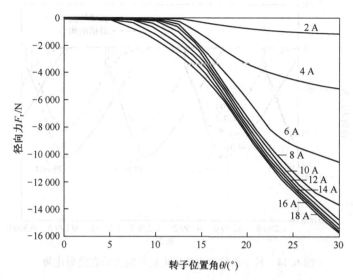

图 6.12　转子斜槽（5°）时的电机径向电磁力特性

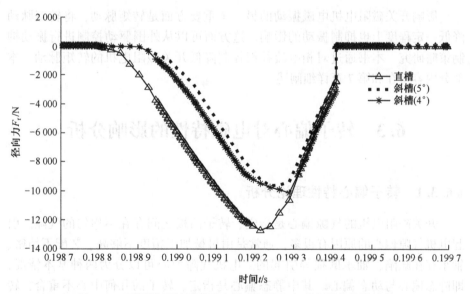

图 6.13　不同转子斜槽时的电机一相径向电磁力瞬态特性比较

　　根据图 6.14 显示转子斜槽改进前后电磁径向力波形，可以看出：对开关磁阻电机进行斜槽结构改进后，径向力得到明显削弱。在 0.299 0 s 的时刻，斜槽改进前的径向力比较大，约为 12 590 N；对应时刻，对转子进行斜槽改进后，径向力减小为 9 653 N，降低了约 23.3%。

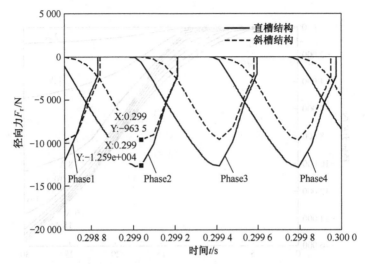

图 6.14 转子斜槽改进前后电磁径向力动态波形比较

■ 6.2.2 相电流补偿控制抑制振动

影响开关磁阻电机电磁振动的另一个重要方面是转矩脉动，将转矩脉动降低一定程度上也抑制振动的影响。这方面可以从外围驱动控制进行振动抑制策略研究。本书通过对相电流补偿控制降低开关磁阻电机的转矩脉动，本部分内容将在和第 7 章详细阐述。

6.3 转子偏心对电磁特性的影响分析

■ 6.3.1 转子偏心特性理论分析

开关磁阻电机的气隙偏心是指定、转子凸极之间存在不均匀的气隙。引起电机气隙偏心的原因有很多，通常是由机械加工精度不够高、装配不精密、轴承存在缺陷、轴承磨损等引起的。电机气隙偏心可以分为两种基本情况，即静态偏心与动态偏心。其中静态偏心是指定、转子的几何中心不重合，转子绕自身轴线旋转的情况。静态偏心时电机气隙最小值位置固定不变，最大不平衡磁拉力出现在气隙最小位置方向。动态偏心是指电机定、转子几何轴线存在相对位移，转子仍绕定子几何轴线旋转的情况。动偏心时定、转子间气隙最小位置随转子的旋转而周期性改变，不平衡磁拉力也随转子旋转而作周期性变化。开关磁阻电机偏心示意图如图 6.15 所示。其中 O_s、O_r 分别为电机定、转子几何中心；R、r 分别为开关磁阻电机定子内径和转子外径；e 为定转子中心偏心距；θ 为转子位置角度；g 为定转子间气隙长度；α 为静态偏心时转子偏心方向的角度（动态偏心时为转子的初始偏心方向角度）。

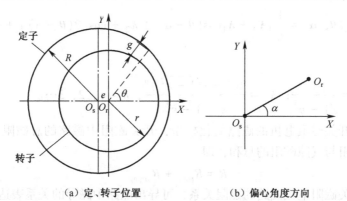

（a）定、转子位置　　　　　　（b）偏心角度方向

图 6.15　开关磁阻电机转子偏心示意图

当电机静态偏心时，由于转子仍绕其自身轴线旋转，电机气隙长度不会随转子的旋转而变化。由此可知，静态偏心时，气隙长度是与转子位置角度 θ 和偏心方向角度 α 相关的函数。以图 6.15（a）中所示转子几何中心 O_r 作为参考坐标系原点，以 X 轴正方向作为起始线，则绕转子轴线旋转 θ 角度，静态偏心时定转子间的气隙长度

$$g_1 = \sqrt{R^2 - e^2\sin^2(\theta - \alpha)} - r - e\cos(\theta - \alpha) \tag{6.10}$$

由于开关磁阻电机的定、转子凸极间气隙长度很小，导致 $e \ll R$，因此式（6.10）中的 $e^2\sin^2(\theta-\alpha)$ 项可忽略不计，则静态偏心时气隙长度大小 g_1 的表达式可简化为

$$g_1 \approx R - r - e\cos(\theta - \alpha) = g_0 - e\cos(\theta - \alpha) \tag{6.11}$$

式中：g_0 为无偏心时定、转子凸极间均匀气隙长度。

转子偏心后会导致电机定、转子间的气隙不均匀。定、转子间气隙长度的改变会使得电机的气隙磁导发生变化。即气隙长度减小处的气隙磁导变大。气隙长度增大处的气隙磁导变小。同时气隙磁导的变化会对电机电感和气隙磁通密度等产生较大影响。

当不计开关磁阻电机磁饱和与定、转子槽结构的影响时，静态偏心时的气隙磁导可以表示为与转子位置角度、偏心方向角度及偏心率大小相关的函数。

$$\lambda_{\text{airgap}}(\theta,\ \alpha) \approx \frac{1}{g_1(\theta,\ \alpha)} = \frac{1}{g_0 - e\cos(\theta - \alpha)} = \frac{1}{g_0[1 - \varepsilon\cos(\theta - \alpha)]}$$

$$\tag{6.12}$$

式中，ε 为转子偏心率，$\varepsilon = e/g_0$。

将式（6.12）利用傅立叶级数公式进行展开，则静态偏心时气隙磁导的傅立叶级数表达式为

$$\lambda_{\text{airgap}}(\theta, \alpha) = \frac{1}{g_0}\{\lambda_0 + \lambda_1\cos(\theta - \alpha) + \lambda_2 + \cos[2(\theta - \alpha)] + \cdots\}$$

（6.13）

式中：$\lambda_0 = \dfrac{1}{\sqrt{1 - \varepsilon^2}}$；$\lambda_n = \dfrac{2(1 - \sqrt{1 - \varepsilon^2})^n}{\varepsilon^n\sqrt{1 - \varepsilon^2}}$，$n = 1, 2, 3\cdots$。

根据开关磁阻电机的磁路简化模型，开关磁阻中磁路的总磁阻为定、转子铁芯磁阻与气隙磁阻的总和，即

$$R = R_{\text{core}} + R_{\text{airgap}}$$

（6.14）

由开关磁阻电机磁路的磁阻关系，可导出磁路中磁导的关系表达式

$$\frac{1}{\lambda} = \frac{1}{\lambda_{\text{core}}} + \frac{1}{\lambda_{\text{airgap}}}$$

（6.15）

由于在开关磁阻电机的线性磁路中气隙磁阻远远大于电机铁芯的磁阻，为使研究目的能够更清晰表达，铁芯磁阻可忽略不计。因此，电机磁路中的磁导可简化表示为

$$\frac{1}{\lambda} \approx \frac{1}{\lambda_{\text{airgap}}}$$

（6.16）

根据线性模型中开关磁阻电机绕组电感等于绕组匝数的平方与磁路磁导的乘积，开关磁阻电机绕组电感可表示为

$$L = N^2\lambda$$

（6.17）

将电机气隙磁导表达式（6.14）代入式（6.17）中，可得到电感 L 与偏心率 ε 和转子偏心方向角度 α 的关系，即

$$L = N^2\lambda = \frac{N^2}{g_0[1 - \varepsilon\cos(\theta - \alpha)]}$$

（6.18）

根据在开关磁阻电机的线性模型中，电机的电感可被定义为激励相磁链值与激励相电流的比值，$L = \psi/I$。因此，电机相绕组的磁链可以表示为

$$\psi = LI = \frac{N^2 I}{g_0[1 - \varepsilon\cos(\theta - \alpha)]}$$

（6.19）

忽略开关磁阻电机磁路的非线性，单相绕组激励时电机磁共能可以表示为

$$W_{\text{m}} = \frac{1}{2}LI^2$$

（6.20）

　　开关磁阻电机静态转矩的计算可通过磁场储能或磁共能对转子位移角 θ 的偏导数求取。则线性模型下，单相绕组激励时的磁阻转矩可以表示为电感对转子位移角求偏导，即

$$T = \frac{\partial W_{\mathrm{m}}}{\partial \theta} = \frac{1}{2} I^2 \frac{\partial L}{\partial \theta} = -\frac{1}{2} \frac{N^2 I^2 \varepsilon \sin(\theta - \alpha)}{g_0 [1 - \varepsilon \cos(\theta - \alpha)]^2} \qquad (6.21)$$

　　由式 (6.19)、式 (6.21) 可以发现转子静态偏心时，偏心率和偏心方向角度对电机绕组磁链和电磁转矩之间的关系。此外开关磁阻电机的电感 L，磁链 ψ，磁阻转矩 W_{m} 分别是与气隙磁导 $\lambda_{\mathrm{airgap}}$ 相关的函数，将式 (6.14) 分别代入式 (6.17)、式 (6.19)、式 (6.21) 可得到开关磁阻电机电感、磁链和磁阻转矩的傅立叶级数表达式。

　　通过对开关磁阻电机静态偏心故障状态下的气隙长度、气隙磁导、磁链以及转矩特性的推导，明确静态偏心时偏心方向角度和偏心率对开关磁阻电机电磁特性具有重要的影响。

　　当电机动态偏心时，由于转子绕电机定子轴线旋转，电机气隙长度随转子的旋转而变化。由此可知，动态偏心时，定、转子间气隙长度是与转子位置角度、旋转时间及转子初始偏心方向角度相关的函数。

　　以图 6.15 (a) 中所示转子几何中心 O_{r} 作为参考坐标系原点，以 X 轴正方向作为起始线，则转子绕定子轴线旋转 θ 角度，动态偏心时定、转子间的气隙长度

$$g_2 \approx R - r - e\cos(\theta - \alpha - \omega_{\mathrm{e}}t) \qquad (6.22)$$

式中：ω_{e} 为转子旋转角频率。

　　参考静态偏心时气隙磁导公式，则可推导出动态偏心时开关磁阻电机的气隙磁导表达式为

$$\lambda_{\mathrm{airgap}}(\theta, \alpha, t) \approx \frac{1}{g_2(\theta, \alpha, t)} = \frac{1}{g_0 - e\cos(\theta - \alpha - \omega_{\mathrm{e}}t)}$$

$$= \frac{1}{g_0[1 - \varepsilon\cos(\theta - \alpha - \omega_{\mathrm{e}}t)]} \qquad (6.23)$$

　　转了动态偏心时，开关磁阻电机气隙磁导的傅立叶展开式可表述为

$$\lambda_{\mathrm{airgap}}(\theta, \alpha, t) = \frac{1}{g_0}\{[\lambda_0 + \lambda_1\cos(\theta - \alpha - \omega_{\mathrm{e}}t)] +$$

$$\lambda_2\cos[2(\theta - \alpha - \omega_{\mathrm{e}}t)] + \cdots\} \qquad (6.24)$$

　　在理想线性模型的假设下，参考开关磁阻电机转子静态偏心时的绕组电感、绕组磁链和电磁转矩表达式 (6.25)~式 (6.27)，可推导得出开关磁阻电机转子动态偏心时相应绕组电感、绕组磁链和电磁转矩的表达式，如下

所示：

绕组电感　　　　$L = N^2 \lambda = \dfrac{N^2}{g_0[1 - \varepsilon\cos(\theta - \alpha - \omega_e t)]}$　　　　　　(6.25)

绕组磁链　　　　$\psi = LI = \dfrac{N^2 I}{g_0[1 - \varepsilon\cos(\theta - \alpha - \omega_e t)]}$　　　　　　(6.26)

电磁转矩　　　　$T = \dfrac{\partial W_m}{\partial \theta} = \dfrac{1}{2}I^2\dfrac{\partial L}{\partial \theta} = -\dfrac{1}{2}\dfrac{N^2 I^2 \varepsilon\sin(\theta - \alpha - \omega_e t)}{g_0[1 - \varepsilon\cos(\theta - \alpha - \omega_e t)]^2}$

(6.27)

根据式（6.26）、式（6.27）可以发现转子动态偏心时，偏心率和转子初始偏心方向角度与电机绕组磁链和电磁转矩之间的关系。此外开关磁阻电机的电感 L、磁链 ψ、磁阻转矩 W_m 分别是与气隙磁导 λ_{airgap} 相关的函数。将式（6.24）分别代入式（6.25）~式（6.27）可得到开关磁阻电机电感、磁链和磁阻转矩的傅立叶级数表达式。

通过对开关磁阻电机静、动态偏心故障状态下的气隙长度、气隙磁导、绕组磁链以及转矩特性的推导，明确了开关磁阻电机偏心时转子（初始）偏心方向角度和偏心率对开关磁阻电机电磁特性具有重要的影响，为开关磁阻电机偏心故障的有限元仿真分析提供了理论依据。

■ 6.3.2　算例开关磁阻电机的主要参数

前面章节已经详细概述了开关磁阻电机的二维有限元分析，可知对开关磁阻电机的全场域进行剖分插值，在离散单元构造磁矢位 A 的插值函数，利用插值法将电机电磁场的条件变分问题离散为一组关于节点矢量磁位的代数方程组，进而求解得到磁矢位的数值解。

由于开关磁阻电机的气隙偏心故障分析需要建立电机正常和异常状态的不同分析模型。因此本章利用有限元分析软件 Ansoft 的 Maxwell 二维静磁场分析模块，建立了一台四相 8/6 极开关磁阻电机样机不同偏心状态的参数化有限元模型。样机主要参数见表 6.4。有限元模型中定、转子铁芯采用无取向的硅钢片材料（DW540-50），定子相绕组激励采用恒定电流源。由于加工和装配精度的限制，电机通常会存在不超过 10% 的相对偏心；考虑到在实际情况下偏心过大可能会导致定、转子凸极的摩擦，因此研究中只考虑相对偏心率在 10%~50% 的情况。为使开关磁阻电机在不同偏心条件下分析得到的结果能够进行精确的对比分析，设定开关磁阻电机不同偏心状态的有限元模型的网格密度等参数完全相同。网格剖分后的开关磁阻电机转子初始状态的有限元分析模型如图 6.16 所示。

表 6.4　SRM 主要参数

参数	数值	参数	数值
定子外径 D_s/mm	210	转子轴径 D_a/mm	50
转子外径 D_r/mm	115	定子轭高 h_{cs}/mm	13.72
铁芯叠长 L/mm	138	转子轭高 h_{cr}/mm	14.9
气隙长度 g_0/mm	0.4	定子槽深 d_s/mm	34.6
定子极弧 β_s/rad	0.366	绕组匝数 N	117
转子极弧 β_r/rad	0.401	额定功率 P_n/kW	8

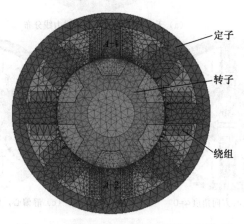

图 6.16　网格剖分后的开关磁阻电机模型

6.3.3　转子偏心状态下的电磁场计算

当开关磁阻电机存在转子偏心时,导致定、转子凸极间气隙分布不均匀,使得凸极间气隙减小处的气隙磁阻减小,气隙增大处的气隙磁阻增大。电机磁路气隙磁阻的不对称分布,导致磁通线分布和磁链特性发生变化,影响转子位置的精确检测。在现有分析开关磁阻电机偏心故障的文献中,针对不同激励和不同偏心率等对电机性能的影响做了较多分析。然而,转子偏心方向对电机电磁特性的影响分析很少涉及。

为分析转子偏心方向角度的不同对电机磁力线分布的影响,本章对开关磁阻电机 A 相绕组通 2 A 的恒定电流源激励,定、转子相对偏心率为 50%,对转子(初始)偏心方向角度 α 分别为 0° 和 90° 时,静态和动态两种偏心情况下的磁力线分布进行了分析,并与开关磁阻电机无偏心情况下的电机内部的磁力线分布情况进行了对比。不同偏心类型、不同偏心方向下的开关磁阻电机内部磁力线分布如图 6.17 所示。

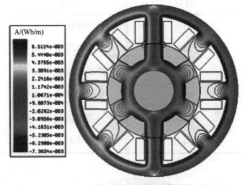

(a) 无偏心开关磁阻电机磁力线分布

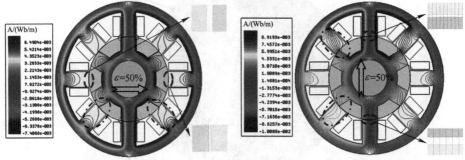

(b) 静偏心，偏心方向角度 α=0°　　　　　　(c) 静偏心，偏心方向角度 α=90°

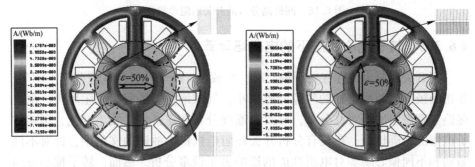

(d) 动偏心，初始偏心方向角度 α=0°　　　　(e) 动偏心，初始偏心方向角度 α=90°

图 6.17　不同偏心类型、不同偏心方向下的开关磁阻电机内部的磁力线分布

图 6.17（a）所示为无偏心电机内部的磁力线分布，由于开关磁阻电机不存在偏心，电机定、转子凸极气隙长度均匀分布，使得各处气隙磁阻大小相等，因此磁力线呈现对称分布状态。图 6.17（b）为静态偏心时，转子沿偏心方向角度 α=0°（水平方向正向）偏心 50% 时电机内部磁力线分布，可以观察到该状态电机左右部分的磁力线分布存在明显的不对称，如图中黑色点画

线区域所示。原因是电机转子沿水平正方向偏心，使右侧定、转子间气隙长度减小，气隙磁阻变小；左侧的气隙长度增加，气隙磁阻变大，因此右侧定、转子凸极间磁力线的数量更加密集。图 6.17（c）所示为静偏心时，转子沿偏心方向角度 $\alpha = 90°$（垂直方向正向）偏心 50% 时电机内部的磁力线分布。可以观察到电机上下部分的磁力线分布存在明显的不对称，如图中黑色点画线区域所示，其原因与图 6.17（b）相似。图 6.17（d）所示为动偏心时，初始偏心方向角度 $\alpha = 0°$ 时的磁力线分布，由于此状态时偏心存在水平向右和垂直向上偏心分量，因此右侧的磁力线分布比左侧密集，水平轴上面的磁力线分布比下面密集；且黑色点画线区域的磁通线密集程度差异最大。图 6.17（e）所示为动偏心时，初始偏心方向角度 $\alpha = 90°$ 时的磁力线分布。磁通线的不对称分布情况与图 6.17（d）相似，且黑色点画线区域磁力线密集程度差异最大。图 6.17（d）、（e）磁力线的不对称分布主要是由于动态偏心时不均匀气隙长度随转子旋转而改变的，定、转子间气隙长度不存在如图 6.17（b）、（c）所示沿某一轴线的对称的现象。

通过观察图 6.17 不同偏心状态时开关磁阻电机的磁力线分布，可以明显看出不同偏心类型情况下，转子偏心方向角度对磁力线分布的影响。

■ 6.3.4 转子偏心状态下的磁链特性分析

开关磁阻电机的磁链—角度位置特性对于开关磁阻电机偏心故障分析非常重要。为准确分析转子不同偏心故障状态时磁链所受到的影响，研究中首先对不同偏心状态时的磁链—电流特性进行了有限元分析。

图 6.18 给出了转子偏心方向角度 $\alpha = 90°$，转子偏心率 $\varepsilon = 50\%$，转子位置角度 $\theta = 30°$（垂直方向定转子凸极对齐）时的磁链—电流特性曲线。

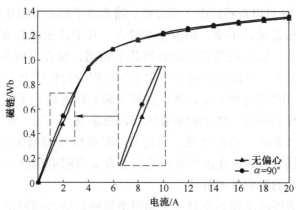

图 6.18 开关磁阻电机磁链—电流特性曲线

通过图6.18可以看出偏心故障对磁链的影响在电流为2 A附近时更加明显，随着电流的增大，电机偏心故障状态下的磁链值与无偏心状态的磁链值趋近相同。换言之，相比高电流区，低电流对电机磁链的影响更加明显。主要是因为在低电流区定、转子铁芯不存在磁饱和现象，磁路磁阻主要取决于气隙长度；随着电流的增大，磁饱和现象逐渐出现，铁芯磁阻显著增大。

1. 转子静态偏心故障时磁链特性分析

为考虑转子偏心方向角度对开关磁阻电机磁链特性的影响，本书对定、转子相对偏心率为50%，转子不同偏心方向下的磁链—角度位置特性进行了分析。同时，根据图6.18中磁链—电流特性曲线的分析结果，设定A相激励为2 A的恒定电流源，得到了不同偏心方向角度下的磁链—角度位置特性曲线。如图6.19所示为一个转子极距范围内不同偏心方向的磁链—角度位置特性曲线。

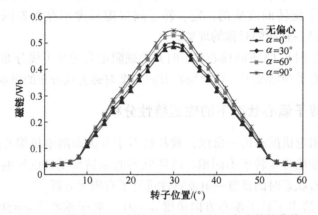

图6.19　静偏心时不同偏心方向的磁链—角度特性曲线

通过图6.19可以观察到静态偏心时，随着转子偏心方向角度的增大，开关磁阻电机的磁链波形不变，幅值逐渐增大。其中转子偏心方向角度 $\alpha = 0°$ 时，磁链数值与无偏心电机的磁链数值几乎相同；偏心方向角度 $\alpha = 90°$ 时，磁链数值变化最大。磁链发生这种变化主要是因为分析中开关磁阻电机只有垂直方向的A相绕组通恒定电流源，且转子偏心距远远小于定、转子凸极宽度，水平方向偏心对定、转子的重叠区域以及垂直方向定、转子间的气隙长度不会产生较大影响。由此可见，当开关磁阻电机A相通恒定电流源激励，偏心率大小相同时，相比在水平方向的偏心开关磁阻电机转子在垂直方向的偏心对电机磁链的影响更加明显。

为清楚地表明转子偏心率对开关磁阻电机磁链的影响程度，本书对转子偏心方向角度 $\alpha = 90°$、激励绕组通2 A的恒定电流时，不同偏心率情况下的磁链—角度位置特性进行了对比分析。图 6.20 所示为开关磁阻电机一个转子极距范围内电机无偏心状态和不同偏心率 ε 下的磁链—角度位置特性曲线。

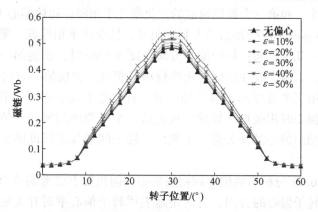

图 6.20　静偏心时不同偏心率 ε 下的磁链—角度位置特性曲线

从图 6.20 可以看出，随着转子静态偏心率的增加，电机激励相绕组磁链的波形不变，相绕组的磁链同时增大。转子偏心率 $\varepsilon = 50\%$ 时，磁链所受影响最大，其变化率为 12%。

2. 转子动态偏心故障时磁链特性分析

为分析动态偏心时，初始偏心方向角度对开关磁阻电机磁链特性的影响，本书对定、转子相对偏心率 $\varepsilon = 50\%$，不同初始偏心方向下的磁链—角度位置特性进行了仿真。得到不同初始偏心方向下的磁链—角度位置特性曲线，并与无偏心电机的磁链特性曲线进行了对比分析，如图 6.21 所示。

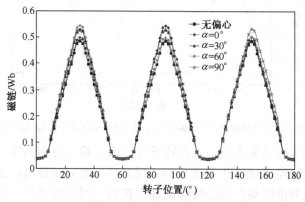

图 6.21　动偏心时不同初始偏心方向下的磁链—角度位置特性曲线

通过图 6.21 可以观察到转子初始偏心方向角度对开关磁阻电机的磁链波形的影响主要表现为磁链波形在一个周期内各波峰幅值大小的变化。图 6.21

示出了磁链波形各波峰幅值的变化率。其中初始偏心方向角度 $\alpha=0°$ 时，与无偏心电机相比，磁链一个周期的三个波峰幅值都有所增加，其中第二个波峰幅值最大，第一和第三个波峰幅值的变化率几乎相同；初始偏心方向角度 $\alpha=30°$ 时，磁链前两个波峰幅值增大幅度明显，且变化率相接近，第三个波峰幅值与无偏心时几乎相同；初始偏心方向角度 $\alpha=60°$ 时，磁链第一个波峰幅值变化率最大，后两个波峰幅值变化率较小且相近；初始偏心方向角度 $\alpha=90°$ 时，第一和第三个波峰的幅值增加明显，且变化率几乎相同，第二个波峰幅值与电机无偏心时相接近。导致电机磁链一个周期内的波峰幅值发生这种变化的原因为动态偏心时开关磁阻电机定、转子间的气隙长度随转子旋转作周期性变化。

通过图 6.21 分析得到的不同初始偏心方向角度下磁链的波形情况，可以诊断出电机转子偏心的方向。为清楚地表明转子偏心率对开关磁阻电机磁链的影响程度，对初始偏心角度 $\alpha=90°$，不同偏心率情况下的磁链特性曲线进行了对比分析。图 6.22 所示为开关磁阻电机动态偏心时，绕组磁链一个周期内无偏心和不同偏心率 ε 情况下的磁链—角度位置特性曲线。如图 6.22 所示，随着偏心率的增加，电机激励相绕组的磁链波形没有改变，波形的第一个和第三个波峰幅值逐渐增大，第二个波峰幅值几乎不受转子偏心率的影响。

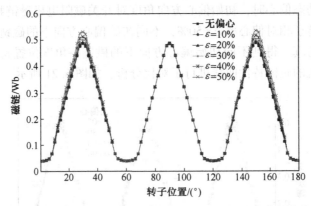

图 6.22 动偏心时不同偏心率 ε 下磁链—角度位置特性曲线

磁链特性分析结果表明，无论转子（初始）偏心方向角度，还是偏心率都会对激励相绕组磁链产生显著影响；反之，二者对磁链特性的影响，表明磁链特性可视为诊断动态偏心故障精确位置的一项重要参数。偏心故障对磁链特性的影响，在开关磁阻电机中采用无位置传感器进行转子位置的检测时，会降低对转子位置估计的精确度。因此，准确判断转子的偏心方向角度和偏心率，减小转子偏心程度，对开关磁阻电机非常重要。

■6.3.5 转子偏心状态下的转矩特性分析

分析开关磁阻电机转子偏心故障时,其矩角(转矩—角度)特性也是一项很重要的特性。由于高电流时电机铁芯呈现磁饱和现象,气隙长度变化不会对定、转子间的气隙磁密产生显著影响;低电流时电机运行在铁芯 B-H 曲线的线性区域,气隙长度变化可以对电机转矩产生较大影响。因此,本章只对低电流区的开关磁阻电机的矩角特性进行分析。

1. 静态偏心时矩角特性分析

由于静态偏心时定转子间气隙长度不随时间而改变,因此,只对开关磁阻电机的一个转子极距范围内的矩角特性进行分析。

为分析静态偏心时,偏心方向角度对电机转矩特性的影响,本书对转子偏心率 $\varepsilon = 50\%$、电机 A 相绕组通 2 A 的恒定电流时,转子在 0°、30°、60°、90°不同偏心方向角度下的矩角特性进行了分析。得到了不同偏心方向的矩角特性曲线,如图 6.23 所示。其中图 6.23(a)所示为采样点精度为 10°时的矩

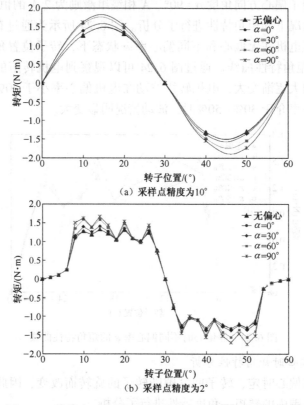

图 6.23　静偏心时转子不同偏心方向角度的矩角特性曲线

角特性曲线的拟合曲线；图 6.23（b）所示为采样点精度为 2°时的矩角特性曲线。

通过图 6.23（a）可以清晰地观察到不同偏心方向下的矩角特性的变化趋势。其中转矩大小随转子偏心方向角度的增大而逐渐增大；转矩幅值位置随转子偏心方向角度的增大也有所变化，在 0°～30°范围内转矩幅值位置逐渐向低于 15°的方向移动，在 30°～60°范围内转矩幅值位置逐渐向大于 45°的方向移动。同时与电机的磁链—角度位置特性曲线相似，可以发现偏心方向角度为 0°时的矩角特性曲线与电机无偏心状态时几乎重合。

通过图 6.23（b）可以观察到偏心方向变化对电机转矩波动的影响情况。随着转子偏心方向角度的增加，电机转矩均值增加的同时，其转矩波动也逐渐变大。其中当转子偏心方向角度大于 30°时，转矩的波动情况更加剧烈。通过图 6.23（a）、（b）可以同时发现，电机矩角特性曲线并不完全关于横坐标轴的 30°位置中心对称，且偏心方向角度较大时，其不对称程度更加明显。

为分析偏心故障方向角度确定时，电机转子偏心率对电机转矩的影响程度，本书对转子偏心方向角度 $\alpha = 90°$、A 相绕组激励为 2 A 的恒定电流源时，不同偏心率情况下的矩角特性进行了分析。图 6.24 所示为通过有限元分析得到的开关磁阻电机在无偏心和不同偏心率 ε 状态下，转子位置角度 θ 为 0°～30°范围内的矩角特性曲线。通过图 6.24 可以观察到电机转矩的均值大小随转子偏心率增大逐渐变大；电机转矩波动在电机偏心率小于 30% 时变化并不明显；当偏心率介于 30%～50% 时，波动情况明显变大。

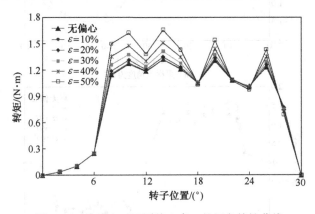

图 6.24　静偏心时不同偏心率 ε 的矩角特性曲线

2. 动态偏心时矩角特性分析

由于动态偏心时定、转子间气隙随转子的旋转而改变，因此本书研究中对一个周期范围内的转矩—角度特性进行了分析。

为分析动态偏心时转子初始偏心方向不同对电机转矩的影响，本书对转子偏心率 $\varepsilon=50\%$、电机 A 相绕组通 2 A 的恒定电流时，转子初始偏心方向角度 α 分别在 0°、30°、60°、90°时的转矩特性进行了分析。得到了不同初始偏心方向的矩角特性曲线，并与无偏心开关磁阻电机的矩角特性曲线进行了对比分析，如图 6.25 所示。其中图 6.25（a）所示为采样点精度为 10°的矩角特性曲线的拟合曲线；图 6.25（b）所示为采样点精度为 2°时的矩角特性曲线。

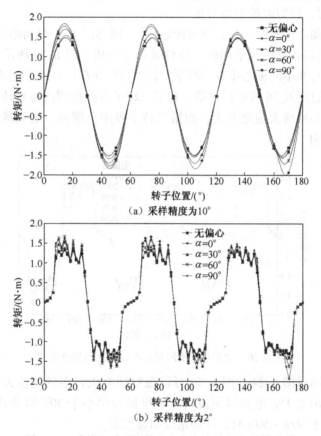

（a）采样精度为 10°

（b）采样精度为 2°

图 6.25　动偏心时不同偏心方向角度的矩角特性曲线

图 6.25（a）清晰地给出了不同初始偏心角度下的矩角特性的变化趋势，转子初始偏心方向角度对转矩的影响主要为一个变化周期内各转矩波峰幅值的变化。电机正常运行时，转矩变化周期为 60°（一个转子极距），且转矩正负幅值大小相同；动态偏心时，转矩变化周期为 180°，各极距范围内的转矩幅值大小不相等，且一个极距范围内转矩的正负幅值大小也不相同。例如，初始偏心方向角度 $\alpha=90$°时，转矩幅值的变化主要在第一个和第三个极距范围内；其中第一个极距范围内正负转矩幅值变化率较大且接近，第三个极距

范围内正负转矩幅值变化率差异较大。

通过图 6.25（b）可以观察到随着初始偏心角度的改变，在电机转矩均值增加的同时，其转矩波动也变得更加剧烈。由于定转子间的气隙长度随转子的旋转而作周期性改变，导致初始偏心方向角度相同时，不同极距范围内转矩波动的剧烈程度不相同。在第一转子极距范围内，初始偏心方向角度 α 大于 30°时，转矩波动明显增加；在第二转子极距范围内，初始偏心方向角度 α 低于 30°时，转矩波动更加明显。

为分析动态偏心时，偏心率对转矩特性的影响程度，对初始偏心角度 $\alpha = 90$°时，不同偏心率情况下的转矩特性进行了分析。图 6.26 所示为开关磁阻电机在无偏心和不同偏心率 ε 情况下，转子位置 θ 在 0°~180°范围内的矩角特性曲线。通过图 6.26 观察到在第一和第三转子极距范围内电机转矩的均值大小随转子偏心率增大逐渐变大；而第二转子极距范围内，电机转矩几乎不受偏心率的影响。

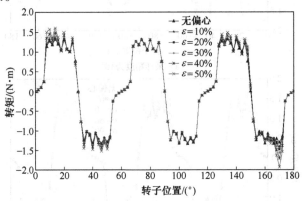

图 6.26　动偏心时不同偏心率 ε 的矩角特性曲线

此外，通过图 6.24 与图 6.26 可以观察到电机转矩的均值大小随转子偏心率增大逐渐变大；电机转矩波动在电机偏心率小于 30%时变化并不明显；当偏心率介于 30%~50%时，波动情况明显变大。

6.4　本章小结

本章围绕开关磁阻电机振动抑制及转子偏心特性问题进行分析和研究，计算了开关磁阻电机定子及机壳的各种振动模态，研究了通过斜槽结构设计改进对开关磁阻电机的电磁振动进行抑制，此外，分析了转子偏心状态下开关磁阻电机的磁通密度、磁链以及电磁转矩不同的特性。

第 7 章

开关磁阻电机转矩脉动及相电流模糊补偿控制

开关磁阻电机是一种结构特殊的机电一体化产品，属于电机类中的特种电机。尽管其结构简单，调速性能优良，但是开关磁阻电机系统的转矩脉动问题一直是限制其应用范围的主要因素，也是其研究的重点与难点[39,40]。转矩脉动是开关磁阻电机驱动系统研究的一个突出问题，较大的转矩脉动会使开关磁阻电机产生严重的振动与噪声，影响电机的动态和稳态运行性能；因此应当研究开关磁阻电机系统的转矩脉动产生的根本原因，然后从根本原因出发，进而从结构优化设计和最优控制策略两方面寻求解决问题的办法，使开关磁阻电机转矩脉动降到最小。

本章首先研究了从电机结构改进方面减小转矩脉动；其次在开关磁阻电机非线性电磁特性的有限元计算基础上，通过直接检测系统的输出转矩和模糊逻辑补偿控制器对开关磁阻电机系统的相电流进行适当的补偿，减小转矩脉动成分。

7.1 引起开关磁阻电机转矩脉动的主要原因

目前，对开关磁阻电机产生转矩脉动原因的研究主要集中在两方面：电机结构设计和控制策略研究[37,38]。从电机结构上看，转矩脉动主要是由边缘磁通（在定、转子凸极重合之前的时刻）产生的，边缘磁通的存在使相电流呈现非线性，结果导致转矩脉动的产生。在定子齿与转子齿重叠之前，边缘磁场效应非常严重，边缘磁通是产生转矩脉动的重要原因。从电机本体设计方面看，由于开关磁阻电机本身固有的双凸极结构，如图 7.1 所示，使电机磁路常常处于非线性和饱和状态。此外，电机内磁通分布极不均匀，致使边缘磁通增加，尤其在定、转子凸极重合之前的位置，如图 7.2 所示，磁通的非线性以及边缘磁通的存在，使得相电流、转矩呈现非线性，从而产生转矩脉动。

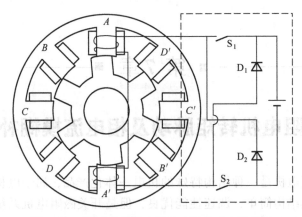

图 7.1 四相开关磁阻电机典型结构及电路简图

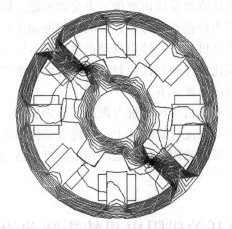

图 7.2 四相开关磁阻电机磁极重合前磁通分布

从电机外控制电路方面看，由于采用开关形式供电电路，如图 7.3 所示，相绕组外施相电压的阶跃变化，导致了相电流、径向力的跃变，进而导致转矩

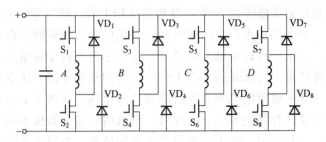

图 7.3 四相开关磁阻电机功率驱动电路

脉动的产生。从电机控制策略方面看，单相导通必然会产生转矩脉动，如图 7.4 所示。因此应该利用先进的控制策略控制相电流波形来减小转矩脉动，如文献［39］通过模糊神经网络对开关磁阻电机的相电流进行了补偿控制，有效地减小了转矩脉动。

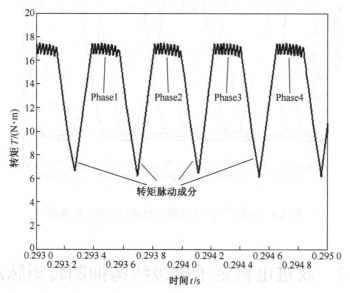

图 7.4　单相导通时四相 8/6 极开关磁阻电机换相合成转矩波形（CCC 控制）

　　综上分析，开关磁阻电机转矩脉动产生的机理如下：开关磁阻电机每一相的转矩特性可以由转矩-电流-角度（T-i-θ）曲线描述，对于相邻两相在空间上相差一个步距角，整个电机的转矩特性依赖于两相的重叠角、凸极形状、材料特性、凸极数目以及电机相数。最大的转矩降落可以由重叠相的矩角特性曲线得到，该转矩降落出现在相同电流产生相同转矩的相邻两相矩角特性曲线的交点处，如图 7.4 所示，是由于在换相时，关断当前相，不再产生电磁转矩而下一个导通相又不能产生所需的转矩造成的，显然该降落越小，转矩脉动的抑制越容易，经过补偿后的合成输出转矩波形的转矩脉动明显减小，如图 7.5 所示。在传统的矩形电流开关控制方式下开关磁阻电机存在着显著的转矩脉动，电机的转矩脉动将造成转速的上下波动以及产生振动和噪声[40]。从以上介绍可以看出转矩脉动主要出现在相邻相的矩角特性曲线重叠的地方，重叠比例越大越有利于减小转矩脉动，增加转子的凸极数目有利于提高重叠比例，但这样会降低磁场的饱和率，在控制时需要较大的控制电压，同时输出转矩也将降低。普遍采用的方法是增加定子凸极宽度以及增加每相对应的定子凸极数目，这样可以有效地降低开关磁阻电机的转矩脉动。

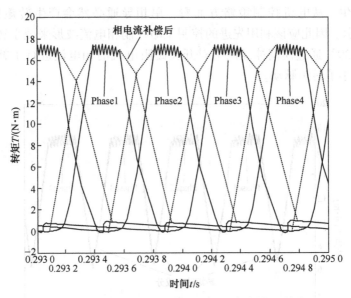

图 7.5　补偿后的开关磁阻电机换相合成转矩波形

7.2　改进电机定子磁极结构抑制转矩脉动

　　开关磁阻电机的转矩具有脉动性，这是由其结构与运行原理所决定的，因为开关磁阻电机不同于传统交流电机，它呈现双凸极结构，运行时由脉冲电流供电，其磁场不是圆形旋转磁场，而是步进磁场。即使某相恒流供电，该相产生的电磁转矩也并非平顶波形，而是类似钟形的不规则形状。开关磁阻电机的输出转矩系各相转矩的合成，显然合成后的转矩存在较大的脉动，特别是在换相时尤为显著，如图 7.4 所示。本节主要是结合有限元计算的矩角特性曲线和改进前的系统仿真结果，从开关磁阻电机结构设计方面提出转矩脉动产生的根本原因，通过改进定子磁极结构来减缓定、转子凸极重合时的气隙磁场突变，从而减小和抑制开关磁阻电机转矩脉动。

　　根据开关磁阻电机的矩角特性以及改进前的系统仿真结果，得出转矩脉动产生的根本原因，即在电机的定、转子凸极开始进入重合区域时，由于气隙长度的突变导致气隙磁场能量的突变，进而使电机的矩角特性在对应的位置出现突变和转矩值降低的现象，最后当转子转到换相点时，转矩值明显变小，致使合成输出转矩波形出现较大的波动，从而形成严重的转矩脉动。由图 7.4 可以看出，转矩脉动发生在合成转矩的换相点处，且此时达到最大值，因此导致输出转矩波形存在较大的波动。从开关磁阻电机的矩角特性曲线以及改进前的系统仿真结果中可以发现，在转矩输出波形的换相点处转矩脉动最为严重，为了减小和抑制转矩脉动，就要提高换相点处的转矩值，也就是要使换相点位置附近的转矩值得到补偿。从图 7.5 所示补偿前后转矩波形的对比可以看出，补偿后的换相点处的转矩值较补偿前明显提高。从图 7.6 中有限元计算的矩角特性曲线来看，转子位置为 5°时（定、转子位置将要重合时的位置）存在转矩突变，如图 7.6 中虚线框所示，因此要想提高换相点处的转矩值，方法之一就是减小突变，使其变化趋于缓慢或存在过渡区域。因此，产生转矩值突变的主要原因是在定、转子凸极进入重合区域时的气隙磁场突变。

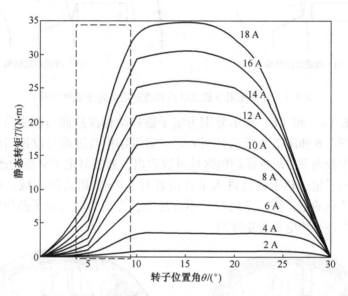

图 7.6　定子磁极结构改进前的开关磁阻电机矩角特性曲线

■7.2.1　定子磁极结构改进措施

通过以上对开关磁阻电机产生和抑制转矩脉动的机理的分析，本章提出通过改进定子的磁极结构的方法对换相点位置附近的转矩值进行补偿，减缓定、转子凸极重合时的气隙磁场突变来减小转矩脉动。图 7.7（a）所示为定子磁极结构改进前的开关磁阻电机局部结构图；图 7.7（b）所示为定子磁极结构改进后的开关磁组电机局部结构图。比较图 7.7（a）和（b）可以看出：在定子凸极端部两侧位置处增加两个楔形角，其作用是在转子磁极与定子磁极进入重叠区域时，使气隙长度的变化有足够的过渡区域，从而可以减小气隙磁场的突变。

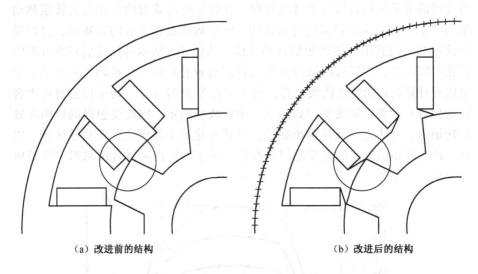

（a）改进前的结构　　　　　　　　　　　（b）改进后的结构

图 7.7　开关磁阻电机改进前和改进后的定子磁极结构

图 7.8（a）和（b）所示分别为定子磁极结构改进前与改进后的磁场磁通分布；图 7.6 和图 7.9 所示分别为定子磁极结构改进前与改进后的矩角特性曲线，比较两图中的虚线圈内区域可以看出，通过对定子磁极的改进措施，有效地减小了定、转子磁极进入重合位置时（$\theta = 5°$ 附近的区域）的转矩突变。值得注意的是，楔形角的尺寸不宜过大，否则会增大定子凸极的极弧系数，反而会使平均电磁转矩降低。

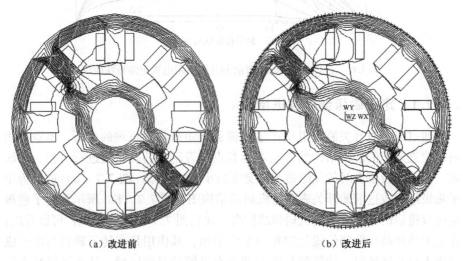

（a）改进前　　　　　　　　　　　　　（b）改进后

图 7.8　开关磁阻电机改进前和改进后的磁场磁通分布

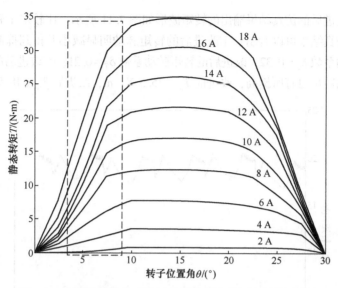

图 7.9　定子磁极结构改进后的开关磁阻电机矩角特性曲线

■7.2.2　动态仿真与结果分析

　　本章基于有限元计算模型和 MATLAB 软件对改进前后的开关磁阻电机转矩性能进行动态仿真。假定在其他控制参数不变的情况下，对定子磁极结构改进后的开关磁阻电机进行电磁场有限元计算、系统建模和动态性能仿真。开关磁阻电机定子凸极改进前的动态转矩波形如图 7.10 所示，开关磁阻电机

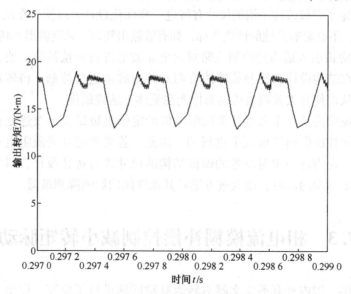

图 7.10　定子凸极改进前的动态转矩波形

定子凸极改进后的仿真结果输出的转矩波形如图 7.11 所示。比较定子磁极结构改进前后的仿真结果可以看出：①改进后的转矩脉动明显减小并得到抑制，改进前的转矩脉动系数 $\delta_T = 0.32$，改进后的转矩脉动系数 $\delta_T = 0.21$；②改进后的有效输出转矩即平均转矩也有所提高，改进前 $T_{av} = 15.5$ N·m，改进后 $T_{av} = 18.5$ N·m。

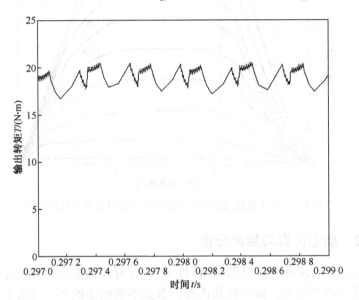

图 7.11 定子凸极改进后的动态转矩波形

从以上仿真分析与结果可以得出以下结论。

（1）定子磁极改进结构的尺寸有待进一步优化设计，以使其在减小转矩脉动的同时，不会影响其他的性能指标，如有效输出转矩、磁链波形和转速等。

（2）应该引入适当的控制策略对相电流波形进行补偿控制，使开关磁阻电机能够在结构设计和控制策略两方面对转矩脉动进行抑制，将转矩脉动降到最低，从而使开关磁阻电机动态性能在整体上达到最优。

值得说明的是，本书对开关磁阻电机的定子磁极结构的改进是在不考虑对电机其他性能影响的前提下进行的，因此，若要考虑开关磁阻电机的综合性能指标，应当进一步对改进的磁极结构的尺寸进行优化设计，以达到减小和抑制转矩脉动的同时，使改进方案对其他性能的影响降到最低。

7.3 相电流模糊补偿控制减小转矩脉动

近几年，国内外有不少文献对转矩脉动问题进行了研究，提出了一些减小和抑制开关磁阻电机转矩脉动的策略与方法。文献 [4] 从电机结构设计的角度来考虑，通过研究新型的开关磁阻电机磁极结构来减小转矩脉动，但是，改进后的磁极结构在减小转矩脉动的同时往往会影响其他性能指标，如有效输出转矩、相电流等。文献 [5] 设计了一个模糊逻辑控制器对关断角进行补偿来减小转矩脉动。由于关断角是开关磁阻电机中的一个关键的控制参数，尤其是在优化关断角时往往也需要考虑到对其他参数的影响。文献 [6] 提出调节电流策略，通过神经网络与模糊控制策略来优化相电流波形来抑制转矩脉动，由于研究中需要检测的参数比较多，增加了控制器的设计难度和复杂度。孙剑波等通过将两步和三步换相法引入直接瞬时转矩控制，采用新的控制策略，在斩波控制和单脉冲控制下减小转矩脉动。

综合分析转矩脉动的主要原因以及电机电磁转矩表达式可以得出，开关磁阻电机的相电流与转矩之间存在着一定的对应关系。本书通过对开关磁阻电机矩角特性和系统动态仿真输出结果的分析、比较，在有限元计算的非线性电磁特性基础上，提出一种转矩闭环控制和相电流补偿控制策略。通过对开关磁阻电机系统的相电流进行适当的补偿，使相电流波形随期望值变化，从而减小和抑制转矩脉动。最后，对一台四相 8/6 极样机进行仿真和实验，结果表明，通过对相电流的补偿控制能够使转矩脉动系数 δ_T 减小 50% 左右，同时，整个电机系统的平均输出转矩也得到明显的提高。

■ 7.3.1 相电流补偿原理

开关磁阻电机的定子与转子均是双凸极结构，存在着明显的凸极效应，使得电机换相间的转矩降落十分严重，在前一相绕组处于负电压激励时，而后一相还未进入正电压激励阶段，转矩值达到了最低，因此在开关磁阻电机换相点位置形成严重的转矩脉动，如图 7.4 所示。从图中看，提高换相点对应的转矩值，可以减小转矩脉动。

在分析转矩脉动产生的原因基础上，通过对相电流进行补偿控制降低转矩脉动成分。补偿原理如图 7.12（b）所示。在加补偿电流之前，开关磁阻电机系统的转矩输出波形存在严重的脉动量，如图 7.12（a）所示。为了使输出转矩趋于平稳，对初始相电流叠加一个补偿值，从图 7.12（b）中看，施加补偿值后的相电流得到有效控制，作用于开关磁阻电机系统后能够产生一个相对平稳的转矩。

基于上述补偿策略，对开关磁阻电机的矩角特性和系统仿真波形进行分析比较，如图 7.13 和图 7.14 所示。矩角特性显示的是静态转矩值与电流、转子位置角之间的非线性关系；系统仿真输出转矩波形是三者之间的动态非

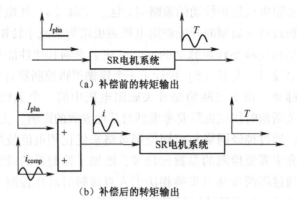

（a）补偿前的转矩输出

（b）补偿后的转矩输出

图 7.12　开关磁阻电机相电流补偿原理

线性对应关系。从图 7.14 中可以看出，系统的输出转矩与相电流之间存在着一定的非线性关系，即在其他参数一定的情况下，对开关磁阻电机系统施加某一电流载荷就能产生相对应的转矩值。如图 7.12（b）所示，从补偿前后的转矩和电流波形看，若要提高换相点转子位置的转矩值，可以提高对应转子位置的电流值，提高的幅度和具体对应关系可以对开关磁阻电机的矩角特性进行定量分析后得到。例如，在图 7.13 中转子位置角 $\theta = 9°$ 时，若要使转矩值从 $T = 6\ N \cdot m$ 提高至 $T = 12\ N \cdot m$，则电流值需从 $i = 6\ A$ 增加至 8 A。因此，根据静态的转矩、电流和转子位置角特性获取转矩误差与补偿电流信号之间的补偿关系，通过控制电流的波形来得到理想的输出转矩。

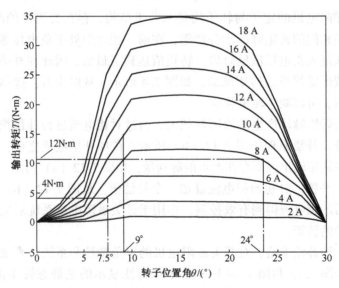

图 7.13　输出转矩与相电流的补偿关系

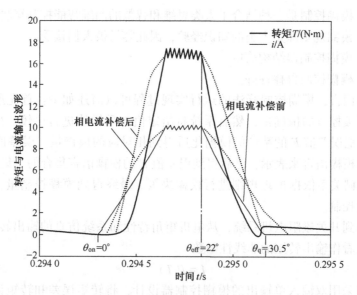

图 7.14　补偿前后单相输出波形

■7.3.2　模糊控制策略

　　模糊逻辑控制（fuzzy logic control）简称模糊控制（fuzzy control），是以模糊集合论、模糊语言变量和模糊逻辑推理为基础的一种计算机数字控制技术。1965 年，美国的 Zadeh 创立了模糊集合论。1973 年他给出了模糊逻辑控制的定义和相关的定理。1974 年，英国的 Mamdani 首次根据模糊控制语句组成模糊控制器，并将它应用于锅炉和蒸汽机的控制，获得了实验室的成功。这一开拓性的工作标志着模糊控制论的诞生。

　　模糊控制实质上是一种非线性控制，从属于智能控制的范畴。模糊控制的一大特点是既有系统化的理论，又有大量的实际应用背景。模糊控制的发展最初在西方遇到了较大的阻力。然而在东方尤其是日本，得到了迅速而广泛的推广应用。近 20 多年来，模糊控制不论在理论上还是技术上都有了长足的进步，成为自动控制领域一个非常活跃而又硕果累累的分支。其典型应用涉及生产和生活的许多方面，如在家用电器设备中有模糊洗衣机、空调、微波炉、吸尘器、照相机和摄录机等；在工业控制领域中有水净化处理、发酵过程、化学反应釜、水泥窑炉等；在专用系统和其他方面有地铁靠站停车、汽车驾驶、电梯、自动扶梯、蒸汽引擎以及机器人的模糊控制。

　　利用模糊数学的方法将控制规则定量化转化为模糊控制算法，进而形成模糊控制理论。模糊控制的优点有以下几个方面：

　　（1）模糊控制不需知道受控对象的数学模型。

（2）模糊控制是一种结合了人类思维和智慧的四维智能控制算法。

（3）模糊规则即是人类的知识经验，因此容易被人们接受。

（4）模糊控制器结构简单。

（5）模糊控制鲁棒性好。

总体而言，模糊控制算法的运行实现过程可以简述如下：首先通过采样模块获得被控量的精确值，然后系统将给定值与采样值进行比较，得到误差值 E，再把误差值 E 的精确值模糊化后得到相对应的模糊量。误差值 E 的模糊量可用模糊语言来表示，然后得到误差值 E 的模糊语言集合的子集 e，最后由 e 和模糊关系依据推理规则进行模糊决策。最终得到模糊控制量，对被控对象进行控制。

具体到开关磁阻电机系统，从电机矩角特性和系统仿真的输出转矩分析，将相电流看作输出转矩的非线性函数

$$i = f(T) \tag{7.1}$$

本书采用双输入单输出的模糊控制器设计，将转矩误差和转矩误差变化率作为控制器的输入量，相电流的补偿信号作为其输出量。则模糊关系可以表示为

$$\Delta i_{\text{comp}} = f\left(T_{\text{e}}, \frac{\mathrm{d}T_{\text{e}}}{\mathrm{d}t}\right) \tag{7.2}$$

式中：Δi_{comp} 为相电流补偿信号；$T_{\text{e}} = T_{\text{ref}} - T_{\text{c}}$ 为系统检测到的输出转矩与转矩期望的比较值，即转矩误差；$\mathrm{d}T_{\text{e}}/\mathrm{d}t$ 为转矩误差变化率。模糊控制规则是基于有限元计算的结果和初始仿真结果的定量分析。模糊控制规则的一般表述为

设 T_{e} 为 A_i，$\mathrm{d}T_{\text{e}}/\mathrm{d}t$ 为 B_i，那么

$$\Delta i_{\text{comp}} = f(A_i, B_i), \ i = 1, 2, \cdots, n \tag{7.3}$$

最后得到期望的开关磁阻电机系统的相电流为

$$i_{\text{pha}} = i_{\text{pha}}\big|_{\text{initial}} + \Delta i_{\text{comp}} \tag{7.4}$$

■7.3.3 算例及仿真分析

本书以一台 8 kW、四相 8/6 极开关磁阻电机为例进行相电流补偿控制策略仿真。样机的主要参数见表 7.1。

为简化分析，假设：①半导体开关器件为理想工作状态，即导通时压降为零，关断时电流值为零；②电机各项参数对称，每相的两线圈正向串联，忽略相间互感。

依据开关磁阻电机的控制方程和机械运动方程，在 SIMULINK 中建立开关磁阻电机相电流模糊补偿控制系统仿真模型如图 7.15 所示。系统主要包含

表 7.1 样机的主要参数

参数	数值	参数	数值
定子外径 D_s/mm	210	转子轴径 D_i/mm	50
转子外径 D_a/mm	115	定子轭高 h_{cs}/mm	13.72
铁芯叠长 L/mm	138	转子轭高 h_{cr}/mm	14.90
气隙长度 g/mm	0.4	定子槽深 d_s/mm	34.6
定子极弧 β_s/rad	0.366	绕组匝数 N_t	117
转子极弧 β_r/rad	0.401	额定功率 P_n/kW	8

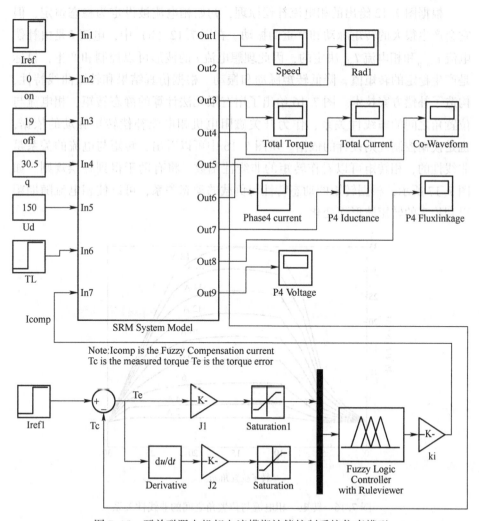

图 7.15 开关磁阻电机相电流模糊补偿控制系统仿真模型

开关磁阻电机模型与模糊逻辑控制器，将系统的输出转矩与给定值比较后得到误差量，模糊控制器的输入为转矩误差和误差变化，通过模糊补偿规则得到需要的补偿量。最后，将补偿信号叠加到系统的相电流，以此来对相电流进行补偿和控制相电流的波形。开关磁阻电机系统四相内部结构图与单相逻辑控制变换器，以及有限元计算的数据传递在前面章节阐述过，在此省略。开关磁阻电机低速运行时转矩脉动最为严重，因此，本书主要对电流斩波控制下的电机运行进行研究。在低速阶段，因为 $d\theta/dt$ 比较小，所以电机电压平衡式中的第三项比较小，这时的相电流增长比较快，为了限制电流的峰值，需要控制相电压的导通时间。

根据图 7.12 给出的相电流补偿原理，初始相电流被设定为稳态恒定，但它会产生很大的转矩脉动和严重的振动。在图 7.12（b）中，电流 I 是由补偿电流 i_{comp} 和相电流 I_{pha} 决定的，因此理想电流 i 的波形可以控制和产生，目标是产生稳定的转矩值，降低转矩脉动和振动。根据仿真结果和转矩曲线特性，构造了补偿方案技术。图 7.16 给出了用有限元法计算的静态转矩、相电流与位置角之间的非线性关系，作为开关磁阻电机相电流补偿转矩脉动的依据，也是模糊控制规则设计的依据。从图 7.16 中可以看出，转矩与电流的关系是非线性的，相转矩可以看作转矩的非线性函数，将有助于得到补偿规则。如图 7.17 所示，根据转矩的动态特性与负载的动态关系，可以使相电流随期望得到稳定的转矩波形而变化。

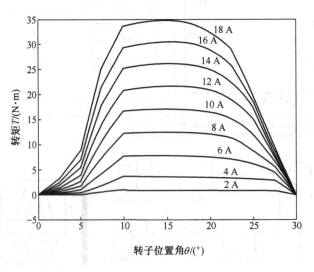

图 7.16 转矩、相电流与位置角之间的非线性关系

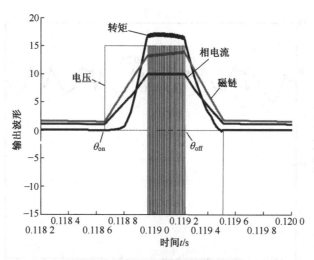

图 7.17　转矩、相电流动态波形

图 7.18（a）和（b）所示分别为相电流补偿前后总的输出转矩。比较两图可以看出，在图 7.18（a）中，相电流在补偿控制前，转矩脉动比较严重，转矩脉动系数 $\delta_T = 0.375$；在图 7.18（b）中，通过对相电流补偿后，转矩脉动系数 $\delta_T = 0.222$，显著降低（转矩脉动系数减小了近 50%），转矩脉动得到有效抑制。同时，还可以看出，图 7.18（b）中的平均输出转矩较图 7.18（a）得到明显提高。可见，通过补偿相电流，在减小转矩脉动的同时，系统的平均输出转矩也得到提高。

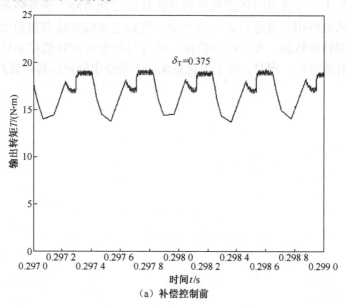

（a）补偿控制前

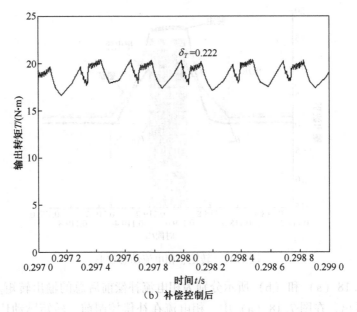

（b）补偿控制后

图 7.18 补偿前后开关磁阻电机系统的总转矩输出

7.4 本 章 小 结

　　本章提出一种转矩闭环控制和相电流补偿控制策略。该策略通过对开关磁阻电机系统的相电流进行适当的补偿，使相电流波形随期望值变化，从而减小和抑制转矩脉动。实验结果验证，通过对相电流的补偿控制后转矩脉动系数得到有效抑制，同时，整个电机系统的平均输出转矩也得到提高。

附录 A

样 机 参 数

类型：8/6 极开关磁阻电机，四相，额定功率为 8 kW，额定转速为 300 r/min；

机壳材料：HT150 灰铸铁；

机壳厚度 h_{fs}：7 mm；

机壳长度 h_f：148 mm；

散热筋尺寸（梯形）：2.5 mm×4 mm×15 mm；

散热筋数：27；

铁芯冲片材料：DR510-50 硅钢片；

定子铁芯外径 D_s：210 mm；

转子外径 D_r：115 mm；

铁芯叠长 L：138 mm；

转子轴径 D_i：50 mm；

定子轭高 h_{cs}：13.7 mm；

转子轭高 h_{cr}：14.9 mm；

定子槽深 d_s：34.6 mm；

定子极弧 β_s：0.366 rad；

转子极弧 β_r：0.401 rad；

气隙长度 g：0.4 mm；

每相绕组匝数：117（不考虑绕组包扎绝缘的影响，若考虑需将绕组质量乘以系数 1.1）；

导线截面积 S_a：0.78 mm^2。

附录 B

ANSYS 计算程序（APDL 命令流）

```
/BATCH
/input, menust, tmp,",,,,,,,,,,,,,,,,, 1
WPSTYLE,,,,,,,, 0
/NOPR
/PMETH, OFF, 1
KEYW, PR_SET, 1
KEYW, PR_STRUC, 0
KEYW, PR_THERM, 0
KEYW, PR_FLUID, 0
KEYW, PR_ELMAG, 1    ! 设置电磁场分析过滤
KEYW, MAGNOD, 1
KEYW, MAGEDG, 0
KEYW, MAGHFE, 0
KEYW, MAGELC, 0
KEYW, PR_MULTI, 0
KEYW, PR_CFD, 0
/GO
multipro, 'start', 10    ! 电机结构尺寸参数设置
*cset, 1, 3, ds, 'Outer Diameter of Stator (mm)', 210
*cset, 4, 6, dr, 'Outer Diameter of rotor (mm)', 115
*cset, 7, 9, gap, 'Gap between Stator and Rotor (mm)', 0.4
*cset, 10, 12, ns, 'tooth Number of Stator', 8
*cset, 13, 15, nr, 'tooth Number of Rotor', 6
*cset, 16, 18, da, 'Diameter of Rotor Axis (mm)', 50
*cset, 19, 21, hs, 'Stator yoke thickness (mm)', 13.72
*cset, 22, 24, hr, 'rotor yoke thickness (mm)', 14.9
*cset, 25, 27, arcs, 'Stator tooth arc (ra (d) ', 0.366
*cset, 28, 30, arcr, 'Stator tooth arc (ra (d) ', 0.401
```

```
multipro, 'end'
*SET, d1, ds/1000    !  变量设置及单位制转换
*SET, d2, (ds-2*hs) /1000
*SET, d3, (dr+2*gap) /1000
*SET, d4, dr/1000
*SET, d5, (da+2*hr) /1000
*SET, d6, da/1000
*SET, turn, 117
*SET, an1, arcs/2
*SET, an2, arcr/2
*SET, a1, d3/2
*SET, b1, sin (an1) *d3/2
*SET, a2, d4/2
*SET, b2, sin (an2) *d4/2
/PREP7                       ! 几何建模初始化
CYL4, 0, 0, d1/2,, d2/2      ! 定子铁芯及绕组
CYL4, 0, 0, d2/2
wpoff, 0, b1, 0
wprot, 0, 90, 0
ASBW, 2
WPCSYS, -1, 0
wpoff, 0, -b1, 0
wprot, 0, 90, 0
ASBW, 4
WPCSYS, -1, 0
FLST, 2, 2, 5, ORDE, 2
FITEM, 2, 2
FITEM, 2, -3
ADELE, P51X,,, 1
CYL4, 0, 0, d3/2
FLST, 2, 2, 5, ORDE, 2
FITEM, 2, 2
FITEM, 2, 5
ASBA, 5, 2
CSYS, 0
KWPAVE, 19
BLC4, 0.003, 0, 0.026295, 0.008765
KWPAVE, 20
```

```
BLC4, 0.003, 0, 0.026295, -0.008765
CSYS, 0
WPAVE, 0, 0, 0
CSYS, 0
KWPAVE, 21
BLC4, -0.003, 0, -0.026295, 0.008765
KWPAVE, 22
BLC4, -0.003, 0, -0.026295, -0.008765
CSYS, 0
WPAVE, 0, 0, 0
CSYS, 0
CSYS, 1
FLST, 3, 6, 5, ORDE, 2
FITEM, 3, 2
FITEM, 3, -7
AGEN, 2, P51X,,, 0, 45, 0,, 0
FLST, 3, 6, 5, ORDE, 2
FITEM, 3, 8
FITEM, 3, -13
AGEN, 2, P51X,,, 0, 45, 0,, 0
FLST, 3, 6, 5, ORDE, 2
FITEM, 3, 14
FITEM, 3, -19
AGEN, 2, P51X,,, 0, 45, 0,, 0
CSYS, 0                               ! 转子铁芯
RECTNG, -a2, a2, -b2, b2,
CYL4, 0, 0, d4/2
FLST, 2, 2, 5, ORDE, 2
FITEM, 2, 26
FITEM, 2, -27
AINA, P51X
CSYS, 1
FLST, 3, 1, 5, ORDE, 1
FITEM, 3, 28
AGEN, 2, P51X,,, 0, 60, 0,, 0
FLST, 3, 1, 5, ORDE, 1
FITEM, 3, 26
AGEN, 2, P51X,,, 0, 60, 0,, 0
```

```
FLST, 2, 3, 5, ORDE, 2
FITEM, 2, 26
FITEM, 2, -28
AADD, P51X
CYL4, 0, 0, d5/2
FLST, 2, 2, 5, ORDE, 2
FITEM, 2, 26
FITEM, 2, 29
AADD, P51X
FLST, 2, 2, 8
FITEM, 2, 0, 0, 0
FITEM, 2, 0.25E-01, 0, 0
CIRCLE, P51X
FLST, 3, 4, 4, ORDE, 4
FITEM, 3, 121
FITEM, 3, 124
FITEM, 3, 127
FITEM, 3, 133
ASBL, 27, P51X
CYL4, 0, 0, d4/2,, d4/2+0.0002
CYL4, 0, 0, d4/2+0.0002,, d3/2
CYL4, 0, 0, d1/2
FLST, 2, 30, 5, ORDE, 2
FITEM, 2, 1
FITEM, 2, -30
AOVLAP, P51X            ! 气隙切割解决转子运动问题
ADELE, 65,,, 1
FLST, 3, 8, 5, ORDE, 4
FITEM, 3, 26
FITEM, 3, 43
FITEM, 3, -48
FITEM, 3, 68
*do, jj, 1, 7           ! 转子旋转循环
AGEN,, P51X,,, 0, (75+5*(jj-1)), 0,,, 1
CYL4, 0, 0, d4/2,, d4/2+0.0002
CSYS, 0
WPAVE, 0, 0, 0
CSYS, 1
```

```
CSYS, 0
ET, 1, PLANE53          ! 定义求解单元类型
KEYOPT, 1, 1, 0
KEYOPT, 1, 2, 0
KEYOPT, 1, 3, 0
KEYOPT, 1, 4, 0
KEYOPT, 1, 5, 0
KEYOPT, 1, 7, 0
MPTEMP,,,,,,,,          ! 定义材料属性
MPTEMP, 1, 0
MPDATA, MURX, 1,, 1     ! 气息磁导率=1.0
MPTEMP,,,,,,,,
MPTEMP, 1, 0
MPDATA, MURX, 3,, 1
MPTEMP,,,,,,,,
MPTEMP, 1, 0
MPDATA, MURX, 4,, 1
TB, BH, 2, 1, 16,       ! 定义硅钢片材料特性曲线
TBTEMP, 0
TBPT,, 20, 0.04
TBPT,, 35, 0.05
TBPT,, 50, 0.11
TBPT,, 70, 0.28
TBPT,, 100, 0.6
TBPT,, 160, 1.0
TBPT,, 180, 1.1
TBPT,, 200, 1.15
TBPT,, 290, 1.3
TBPT,, 400, 1.4
TBPT,, 500, 1.45
TBPT,, 700, 1.5
TBPT,, 1000, 1.54
TBPT,, 2000, 1.6
TBPT,, 5000, 1.7
TBPT,, 10000, 1.85
FLST, 5, 17, 5, ORDE, 7 ! 分配材料属性
FITEM, 5, 1
FITEM, 5, 26
```

```
FITEM, 5, 43
FITEM, 5, -48
FITEM, 5, 57
FITEM, 5, -64
FITEM, 5, 67
CM, _Y, AREA
ASEL,,,, P51X
CM, _Y1, AREA
CMSEL, S, _Y
CMSEL, S, _Y1
AATT, 1,, 1, 0,
CMSEL, S, _Y
CMDELE, _Y
CMDELE, _Y1
FLST, 5, 8, 5, ORDE, 8
FITEM, 5, 2
FITEM, 5, 8
FITEM, 5, 32
FITEM, 5, 35
FITEM, 5, 37
FITEM, 5, 39
FITEM, 5, -40
FITEM, 5, 42
CM, _Y, AREA
ASEL,,,, P51X
CM, _Y1, AREA
CMSEL, S, _Y
CMSEL, S, _Y1
AATT, 3,, 1, 0,
CMSEL, S, _Y
CMDELE, _Y
CMDELE, _Y1
FLST, 5, 8, 5, ORDE, 8
FITEM, 5, 14
FITEM, 5, 20
FITEM, 5, 31
FITEM, 5, 33
FITEM, 5, -34
```

```
FITEM, 5, 36
FITEM, 5, 38
FITEM, 5, 41
CM, _Y, AREA
ASEL,,,, P51X
CM, _Y1, AREA
CMSEL, S, _Y
CMSEL, S, _Y1
AATT, 4,, 1, 0,
CMSEL, S, _Y
CMDELE, _Y
CMDELE, _Y1
FLST, 5, 10, 5, ORDE, 4
FITEM, 5, 49
FITEM, 5, -56
FITEM, 5, 66
FITEM, 5, 68
CM, _Y, AREA
ASEL,,,, P51X
CM, _Y1, AREA
CMSEL, S, _Y
CMSEL, S, _Y1
AATT, 2,, 1, 0,
CMSEL, S, _Y
CMDELE, _Y
CMDELE, _Y1
FLST, 2, 43, 5, ORDE, 10
FITEM, 2, 1
FITEM, 2, -2
FITEM, 2, 8
FITEM, 2, 14
FITEM, 2, 20
FITEM, 2, 26
FITEM, 2, 31
FITEM, 2, -64
FITEM, 2, 66
FITEM, 2, -68
AGLUE, P51X
```

```
CM, _Y, AREA
ASEL,,,, 12
CM, _Y1, AREA
CMSEL, S, _Y
CMSEL, S, _Y1
AATT, 2,, 1, 0,
CMSEL, S, _Y
CMDELE, _Y
CMDELE, _Y1
FLST, 2, 43, 5, ORDE, 10
FITEM, 2, 2
FITEM, 2, -12
FITEM, 2, 14
FITEM, 2, 20
FITEM, 2, 26
FITEM, 2, 31
FITEM, 2, -42
FITEM, 2, 49
FITEM, 2, -64
FITEM, 2, 66
AGLUE, P51X        ！将具有材料属性的所有面域进行黏结融合
SMRT, 6            ！网格剖分
SMRT, 1            ！设置网格剖分精度
MSHAPE, 1, 2D   ！定子和转子极间的气隙网格尺寸小
MSHKEY, 0
FLST, 5, 2, 5, ORDE, 2
FITEM, 5, 10
FITEM, 5, -11
CM, _Y, AREA
ASEL,,,, P51X
CM, _Y1, AREA
CHKMSH, 'AREA'
CMSEL, S, _Y
AMESH, _Y1
CMDELE, _Y
CMDELE, _Y1
CMDELE, _Y2
ALLSEL, ALL
```

```
SMRT, 3
SMRT, 3
FLST, 5, 9, 5, ORDE, 3
FITEM, 5, 12
FITEM, 5, 49
FITEM, 5, -56
CM, _Y, AREA
ASEL,,,, P51X
CM, _Y1, AREA
CHKMSH, 'AREA'
CMSEL, S, _Y
AMESH, _Y1
CMDELE, _Y
CMDELE, _Y1
CMDELE, _Y2
SMRT, 5
SMRT, 3
FLST, 5, 16, 5, ORDE, 6
FITEM, 5, 2
FITEM, 5, 8
FITEM, 5, 14
FITEM, 5, 20
FITEM, 5, 31
FITEM, 5, -42
CM, _Y, AREA
ASEL,,,, P51X
CM, _Y1, AREA
CHKMSH, 'AREA'
CMSEL, S, _Y
AMESH, _Y1
CMDELE, _Y
CMDELE, _Y1
CMDELE, _Y2
SMRT, 5        ! 定子、转子轭和绕组以及绕组间的空气部分网格尺寸
FLST, 5, 16, 5, ORDE, 7
FITEM, 5, 3
FITEM, 5, -7
FITEM, 5, 9
```

```
FITEM, 5, 26
FITEM, 5, 57
FITEM, 5, -64
FITEM, 5, 66
CM, _Y, AREA
ASEL,,,, P51X
CM, _Y1, AREA
CHKMSH, 'AREA'
CMSEL, S, _Y
AMESH, _Y1
CMDELE, _Y
CMDELE, _Y1
CMDELE, _Y2
/UI, MESH, OFF
ASEL, S,,, 40
ESLA, S
CM, raozu1, ELEM    ! 建绕组组件
ALLSEL, ALL
ASEL, S,,, 20
ESLA, S
CM, raozu2, ELEM
ALLSEL, ALL
ASEL, S,,, 42
ESLA, S
CM, raozu3, ELEM
ALLSEL, ALL
ASEL, S,,, 41
ESLA, S
CM, raozu4, ELEM
ALLSEL, ALL
CMGRP, wind1, RAOZU1, RAOZU2, RAOZU3, RAOZU4
*GET, mianji, AREA, 40, AREA   ! 提取绕组面积尺寸
APLOT
ASEL, S,,, 12
ESLA, S
EPLOT
/MREP, EPLOT
CM, zhuanzi, ELEM   ! 定义转子组件
```

```
FMAGBC, 'ZHUANZI'  ! 设置力的边界条件
ALLSEL, ALL
EPLOT
*do, ii, 1, 9              ! 定义电流循环
*SET, jc, (2+2*(ii-1))
*SET, js, jc*turn/mianji
FINISH
/SOL              ! 求解
ANTYPE, 0         ! 定义求解方法
NROPT, AUTO,,
EQSLV, FRONT,, 0,
PRECISION, 0
MSAVE, 0
PIVCHECK, 1
FLST, 2, 4, 4, ORDE, 2
FITEM, 2, 1
FITEM, 2, -4
DL, P51X,, AZ, 0,    ! 定义边界条件
FLST, 2, 2, 5, ORDE, 2
FITEM, 2, 40
FITEM, 2, 42
BFA, P51X, JS,,, js, 0
FLST, 2, 2, 5, ORDE, 2
FITEM, 2, 20
FITEM, 2, 41
BFA, P51X, JS,,, -js, 0  ! 施加电流载荷
MAGSOLV, 0, 3, 0.001,, 25,   ! 设置收敛精度
FINISH
/POST1  ! 后处理
PLF2D, 27, 0, 10, 1  ! 磁通量（磁力线）显示
*dim, cur,, 1
*SET, cur (1), jc
FINISH
/SOL
LMATRIX, 1, 'wind', 'CUR', 'ind'  ! 调用电感计算宏
*enddo
finish
```

■ 附录 C ■

MATLAB 功率变换器换相程序

```
function Va = fcn (u1, u2, u3, u4, u5, u6)
% This block supports an embeddable subset of the MATLAB language.
% See the help menu for details.
Va=u6;
on=u3 * (pi/180);
off=u4 * (pi/180);
Q=u5 * (pi/180);
V=u6;
e=u1;
teta=u2;
if ( (on<=tet (a) && (teta<=off) )
    Va=e;
end
if ( (off<tet (a) && (teta<=Q) )
    Va = -V;
end;
if (teta>Q)
    Va = 0;
end;
```

参 考 文 献

[1] 刘迪吉. 开关磁阻电机发展与应用 [J]. 电气技术, 2006 (7): 17-20.

[2] 李俊卿, 李和明. 开关磁阻电机发展综述 [J]. 华北电力大学学报, 2002, 29 (1): 1-5.

[3] 赵永刚. 低转矩脉动开关磁阻调速电动机控制策略研究及控制器设计 [D]. 南京: 河海大学, 2004.

[4] 王宏华. 开关型磁阻电动机调速控制技术 [M]. 北京: 机械工业出版社, 1995.

[5] ALEXEY M. Development of methods, algorithms and software for optimal design of switched reluctance drives [D]. Rusland, 2006.

[6] CAMERON D E, LANG J H, UMA NS S D. The origin of acoustic noise in variable-reluctance motors [J]. Proc. IEEE. IAS Annual Meeting, 1989: 108-115.

[7] CAMERON D E, LANG J H, UMANS S D. The origin and reduction of acoustic noise in doubly salient variable – reluctance motors [J]. IEEE. Trans. on IA, 1992, 28 (6): 1250-1255.

[8] WU C Y, et al. Analysis and reduction of vibration and acoustic noise in the switched reluctance drive [J]. IEEE. Trans. on IA, 1995, 31 (1): 91-98.

[9] VERRNA S P, GIRGIS R S, Method for accurate determination resonant frequencies and vibration behavior of stators of electrical machines [J]. Proceedings of lEE, Part B, 1981, 128 (1): 1-11.

[10] CAI W, PILLAY P, Omekanda A. An analytical model to predict the modal frequencies of switched reluctance motors [J]. IEEE IEMDC, Boston, MA, June 2001: 203-207.

[11] 吴建华, 陈永校, 王宏华. 开关磁阻电机定子固有频率的计算 [J]. 中国电机工程报, 1997, 17 (5): 326-329.

[12] 王宏华, 陈永校, 许大中. 开关磁阻调速电机定子振动抑制 [J]. 电工技术学报, 1998, 13 (3): 9-12.

[13] YIFAN Tang. Characterization, numerical analysis, and design of switched reluctance motors [J]. IEEE Transactions on Industry Applications, 1997, 33 (6): 1544-1522.

[14] MICHAELIDES A M, Pollock C. Modeling and design of switched reluctance motors with two phases simutaneously excited [J]. IEE Proc. – Electr. Power Appl., 1996, 143 (5): 361-370.

[15] COLBY R S, MOTTIER F, MILLER T J E. Vibration modes and acoustic noise in a 4-phase switched reluctance motor [J]. IEEE Trans. On Industry Applications, 1996, 32 (6): 1357-1364.

[16] PILLAY P, CAI W. Investigation into vibration in switched reluctance motor [J]. IEEE Transactions on Industry Applications, 1999, 35 (3): 589-596.

[17] Long S A, ZHU Z Q, HOWE D. Vibration behavior of stators of switched reluctance motors

[J]. IEE Proceedings: Electric Power Aplications, 2001, 148 (3): 257-264.

[18] BESBES M, PICOD C, AMUS F, et al. Influence of stator geometry upon vibratory behavior and electromagnetic performances of switched reluctance motors [J]. IEE Proceedings: Electric Power Applications, 1998, 145 (5): 462-467.

[19] CAI W, PILLAY P, REICHERT K. Accurate computation of electromagnetic forces in switched reluctance motors [J]. Proceedings of the 5th International Conference on Electrical Machines & Systems, Aug 2001, Shenyang, China.

[20] GIRGIS R S, Verma S P. Experimental verification of resonant frequencies and vibration behavior of stators of electrical machines, part I —models, experimental procedure an apparatus [J]. Proceedings of IEE, Part B, 1981, 128 (1): 12-21.

[21] VERMA S P, GIRGIS R S. Experimental verification of resonant frequencies and vibration behavior of stators of electrical machines, part II — experimental investigations and results [J]. Proceedings of IEE, Part B, 1981, 128 (1): 22-32.

[22] CAI W, PILLAY P, Tang Z. Impact of stator windings and end bells on resonant frequencies and mode shapes of switched reluctance motors [J]. IEEE Transactions on Industry Applications, 2002, 38 (4): 1027-1036.

[23] TANG Z J. Vibration analysis and reduction in switched reluctance motors [D]. Ph. D. thesis, Clarkson University, 2002.

[24] 纪志成, 薛花. 基于 MATLAB 的开关磁阻电机控制系统仿真建模研究 [J]. 系统仿真学报, 2005, 17 (4): 1015-1021.

[25] 陈新, 郑洪涛, 蒋静坪. 基于 MATLAB 的开关磁阻电动机非线性动态模型仿真 [J]. 电气传动, 2002 (6): 52-56.

[26] 徐国卿, 谢维达, 陶生桂. 开关磁阻电机的最优开关角控制规律的研究 [J]. 铁道学报, 1999, 21 (1): 38-43.

[27] ZHU Z, WU L, XIA Z. An accurate subdomain model for magnetic field computation in slotted surface－mounted permanent－magnet machines [J]. IEEE Trans. Magn., 2010, 46: 1100-1115.

[28] SHIN K H, CHO H W, LEE S H, et al. Armature reaction field and inductance calculations for a permanent magnet linear synchronous machine based on subdomain model [J]. IEEE Transactions on Magnetics, 2017, 53 (6): 8105804.

[29] 吴建华. 开关磁阻电机设计与应用 [M]. 北京: 机械工业出版社, 2000.

[30] CAMERON D E, LANG J H, UMAS S D. The origin of acoustic noise invariable2reluctance motors [C]//Conference Record of the 1989 IEEE Industry Applications Society Annual meeting, October 1-5, 1989, San Diego, USA, 1989, 1: 108-115.

[31] BESBESM, REN Z, RAZEK A, et al. Vibration diagnostic for doubly salient variable reluctance motors [C]//Proceedings of ICEM 1994, Paris, France, 1994: 415-418.

[32] 杨艳, 邓智泉, 曹鑫, 等. 无轴承开关磁阻电机径向电磁力模型 [J]. 电机与控制学报, 2009, 13 (3): 377-382, 388.

[33] 曹鑫, 邓智泉, 杨钢, 等. 无轴承开关磁阻电机麦克斯韦应力法数学模型 [J]. 中国电机工程学报, 2009, 13 (3): 377-382, 388.

[34] GARR IGAN N R, SOONGW L, STEPHENS CM, et al. Radial force characteristics of a switched reluctance machine [C]//Conference Record of the 1999 Industry Applications Conference, October 3-7, 1999, Phoenix, USA, 1999, 4: 2250-2258.

[35] 李倬, 葛宝明. 一种改进的无轴承开关磁阻电机数学模型 [J]. 电机与控制学报, 2009, 13 (6): 851-856.

[36] 王利利, 张京军, 张海军. 开关磁阻电机非线性径向力的有限元计算 [J]. 微电机, 2010, 43 (9): 13-15, 51.

[37] WU C Y, POLLOCK C. Analysis and reduction of vibration and acoustic noise in the switched reluctance drive [J]. IEEE Trans on Industrial Applications, 1995, 31 (1): 91-98

[38] CAI W, PILLAY P, ONEKANDA A. Analytical formulae for calculating SRM modal frequencies for reduced vibration and acoustic noise design [J]. IEEE International Electric Machines and Drives Conference, IEMDC 2001, 203-207.

[39] RODRIGUES M, COSTA BRANCO P J, SUEMITSU W. Fuzzy logic torque ripple by turn-off angle compensation for switched reluctance motors [J]. IEEE Transactions on Industry Electronics, 2001, 48 (3): 711-714.

[40] COSTA BRANCO P J, Luis guilherme barbosa rolim, et al. Proposition of an offline learning current modulation for torque-ripple reduction in switched reluctance motors: Design and experimental evaluation [J]. IEEE Transactions on Industry Electronics, 2002, 49 (3): 665-676.